Hans Egidius

Vögel füttern rund ums Jahr

Ulmer

Inhalt

Warum Vögel im Garten?

Rechte Seite: Nützlich – Kohlmeisen sind effektive Insektenvertilger.

Ganz klar: Sie sind farbenprächtig, sie beglücken uns mit ihrem Gesang, sie sind einfach entzückende Gesellen und sie leisten einen großen Beitrag bei der Bekämpfung von Pflanzen fressenden Insekten im Garten. Mit dem Anlocken von Gartenvögeln bereichern Sie Ihre Lebensqualität, denn es macht einfach Spaß, den munteren Vögeln im Frühjahr beim Gesang zuzuhören und sie bei der Balz, später bei der Nistplatzsuche und der Aufzucht der Jungvögel am Nest oder an der Bruthöhle zu beobachten. Und das erfreut nicht nur Erwachsene, auch für Kinder sind die „eigenen" Meisen, Amseln und Rotkehlchen im Garten eine schöne Möglichkeit, Natur hautnah zu erleben.

Leben vor der Tür

Schon mit einem einfachen Blick aus dem Fenster ergeben sich viele Möglichkeiten, Vögel an Ort und Stelle zu beobachten. Überall lassen sich Kohl- und Blaumeise, Haus- und Feldsperling, Amsel und Singdrossel, Rotkehlchen und Heckenbraunelle bei der Futtersuche im Garten, der Brutpflege, an der Tränke oder beim Baden an der Wasserstelle bewundern.

Nützliche Helfer

Tatsächlich helfen die im Garten vorkommenden Vogelarten entscheidend mit, das Millionenheer der Insekten auf einem für den Gartenbesitzer erträglichen Maß zu halten – und das ganz ohne chemische Keule! Diese Tatsache macht sich bei der späteren Gemüse-, Beeren- und Obsternte bemerkbar. Dazu ein Beispiel: Ein Kohlmeisenpaar, so fanden Forscher heraus, vertilgt und verfüttert während der Brut und Aufzucht der Jungvögel bei zwei Bruten im Jahr täglich gut 100 g Insekten und andere Kleintierchen. So kommt ein Kohlmeisenpaar bei zwei Bruten im Jahr in rund fünf Frühlings- und Sommermonaten auf über 15 kg Insekten, deren Eier, Larven und Puppen!

Förster nutzen diese Tatsache auch in Wäldern, Obstbaumbesitzer in ihren Streuobstwiesen: Sie praktizieren dort die biologische Schädlingsbekämpfung durch Meisen & Co., indem sie verschiedene Nistkästen aufhängen und dadurch das Angebot an Brutplätzen für die kleinen Insektenvertilger erheblich vergrößern.

Ein Garten für Vögel

In einem Garten mit bunten Blumen, die von Insekten umschwärmt werden, und mit Obstbäumen und Sträuchern, die Beeren tragen, fühlen sich unsere Gartenvögel wohl. Sogar auf Balkon und Terrasse können Sie einiges tun, um Vögel anzulocken.

Strauch für Strauch zum Paradies

Ganz einfach können Sie Schritt für Schritt Ihren Garten vogelfreundlich gestalten – es muss nicht gleich eine kom-
plette Neubepflanzung sein. Jedes geeignete Gehölz bietet
neue Nistmöglichkeiten, und Sie schaffen außerdem Ver-
steck- und Schlafmöglichkeiten sowie zusätzliche Nahrungsquellen für Amseln, Meisen und andere Vögel. Schon nach
wenigen Monaten werden Sie den Erfolg erkennen können,
denn die neuen Bewohner gehen in der Hainbuchenhecke
und in den Obstbäumen erfolgreich auf Insektenjagd.

Heimische Gehölze – warum?
Die Wechselbeziehungen zwischen Flora und Fauna, die aus
dem Garten einen Biotop machen und damit neue Lebensräume für zahlreiche Pflanzen und Tiere schaffen, können
Sie nicht auf Anhieb erkennen, denn irgendwelche Insekten
gibt es auch im parkähnlichen Garten voller exotischer Blumen und Bäume.

Bestens angepasst
Doch unsere heimische Insektenwelt hat sich im Lauf der
Evolution an die heimischen Pflanzen angepasst und ist des-
wegen auf diese angewiesen. Viele Arten sind auf bestimmte

Für ihre Jungen braucht dieses Gartenrotschwanz-weibchen reichlich unterschiedliche Insekten.

Pflanzen spezialisiert und können mit den vom Menschen eingeführten oder gezüchteten Geranien, Kirschlorbeerhecken und Forsythienbüschen nichts anfangen. Sie brauchen Pflanzen, die bei uns heimisch sind oder zumindest von heimischen Pflanzen abstammen.

100 oder keine

Ein Beispiel: Auf und von einem Haselstrauch können über 100 Insektenarten leben, Thuja oder Forsythie hingegen beherbergen keine Insekten, die Blüten der Forsythie werden noch nicht einmal von Bienen oder Schmetterlingen besucht.

Heimische und darüber hinaus blühende Büsche, Hecken und Bäume vergrößern also im Garten zwangsläufig die Artenvielfalt der Insekten, denken Sie nur an die vielen Blütenbestäuber wie die verschiedenen Bienenarten, an die unterschiedlichen Hummeln, an die Schwebfliegen und an die Tag- und Nachtfalter. Sie alle helfen mit, das ökologische Gleichgewicht in Ihrem Hausgarten dauerhaft mitzugestalten. Es versteht sich von selbst, dass diese Kleintiere die Nahrungspalette vieler Gartenvögel erheblich erweitern. Ist das ökologische Gleichgewicht im Garten im Einklang, können Sie davon ausgehen, dass annähernd 300 Insektenarten, darüber hinaus auch Asseln, Käfer, Heuschrecken sowie Spinnen in ihrem Hausgarten wohnen – ein reich gedeckter Tisch für die Gartenvögel, die, auch wenn sie ganzjährig gefüttert werden, auf diese Insektennahrung angewiesen sind.

Beerensträucher
Es gibt darüber hinaus auch einige weitere, nicht heimische Sträucher, die gute Gartenpflanzen für Vögel sind. Die besten Arten finden Sie auf den folgenden Seiten.

Die besten Sträucher
Sie müssen jedoch nicht gleich den gesamten Garten umgestalten – auch kleine Schritte zeigen schon große Wirkung. Sie wollen einen neuen, kleinen Strauch oder Baum anpflanzen? Warum nicht einen Weißdorn, der mit seinen hübschen Blüten zahllose Blütenbestäuberinsekten anlockt und mit seinen Beeren vielen Vögeln im Herbst einen reich gedeckten Tisch bietet?

Dornen- oder stachelbewehrte und darüber hinaus Früchte tragende Gehölze wie Apfel- und Hundsrose, Weißdorn, Feuerdorn und Stechpalme, Brombeere und Stachelbeere, Berberitze, Sanddorn und Schlehe sind sehr gute Vogelgehölze. Wenn Sie genügend Platz haben, pflanzen Sie diese in Gebüschgruppen.

Die Übersicht zeigt die wichtigsten Straucharten. Darüber hinaus eignen sich Brombeere, Felsenbirne, Feuerdorn, Heckenkirsche, Heidelbeere, Himbeere, Johannisbeeren (alle Arten), Kreuzdorn, Liguster, Mispel, Preiselbeere, Roter Hartriegel, Roter Holunder, Johannisbeere, Stachelbeere, Stechpalme (Ilex), Wacholder und Zwergmispel.

Hecken für Vögel

Wenn Ihre alte Thujahecke keine Augenweide mehr ist, könnten Sie diese durch eine Hainbuchenhecke ersetzen. Hainbuche ist ein heimisches Gehölz, verzweigt sich wunderbar knorrig und bietet gute Nistplätze für Heckenbrüter wie die Amsel oder die Heckenbraunelle. Auch im Winter bieten Hainbuchenhecken einen gewissen Sichtschutz, da das Herbstlaub bis zum Austrieb im Frühling an der Hecke bleibt. Auch die Rot-Buche eignet sich als Heckenpflanze.

Viele andere Gehölze sind vogelfreundlich und lassen sich problemlos zur Hecke umfunktionieren. Berberitze zum Beispiel ist gut für niedrige Hecken, Weißdorn lässt sich ebenfalls als Hecke zurechtschneiden.

In einem großen Garten lohnt es sich, keine einheitliche, säuberlich geschnittene Hecke zu pflanzen, sondern eine aus gemischten Sträuchern aus der Übersicht rechts, die sich ausladender entwickeln dürfen. Sie lässt sich, wenn sie allzu üppig wird, in Abschnitten radikal zurückschneiden, damit immer genug Hecke für die Vögel übrig bleibt. Auch nach diesem sogenannten „auf den Stock setzen" schlagen die genannten Sträucher wieder aus.

Immergrüne Eibe

Wenn es immergrün sein soll, können Sie eine Eibenhecke pflanzen, die allerdings in allen Teilen, bis auf den die Samen umgebenden roten Fruchtmantel, giftig ist. Die Früchte werden gerne von Vögeln gefressen.

Ein Amselweibchen tut sich an Weißdornbeeren gütlich.

Strauchgehölze mit Beeren		
Art	Aussehen	Eigenschaften
Berberitze	Dorniger Strauch mit kleinen, im Herbst rötlichen Blättern und schmalen roten Beeren	Auch als Hecke möglich
Holunder	Großer Strauch mit weißen Blütendolden und schwarzen Beeren in Schirmen	Robust, schnittverträglich
Pfaffenhütchen	Strauch mit leuchtend rosa und orange gefärbten Beeren	Giftig! Beeren werden vom Rotkehlchen bevorzugt
Rose	Hunds- oder Apfelrose sind dezent blühende Wildrosenarten	Im großen Garten auch als Wildhecke möglich
Sanddorn	Dorniger, sparriger Strauch mit gelb-orangen Beeren	Beeren essbar auch für den Menschen
Schlehe	Dorniger, sparriger Strauch mit dunkelblauen Beeren	Beeren essbar auch für den Menschen
Schneeball	Strauch mit großen Blättern und weißen Blütendolden, rote Beeren	Beeren giftig für den Menschen
Weißdorn/Rotdorn	Dorniger Baum mit dekorativer weißer Blüte im Frühjahr und roten Beeren im Herbst	Sehr schnittverträglich, auch als Hecke möglich

Vögel brauchen Bäume

Vögel und Bäume gehören einfach untrennbar zusammen. Die Singdrossel flötet ihr Lied von der hohen Warte, Meisen suchen im Geäst nach Insekten, Grünfinken zirpen hier ihre Strophen und die Dohle hält Ausschau.

Alte Bäume sind Gold wert

Ist in Ihrem Garten ein alter Baumbestand vorhanden, seien es Obstbäume, Korbweiden oder alte Nadelbäume, lassen Sie die Bäume in aller Natürlichkeit weiterwachsen. Beschränken Sie dabei den jährlichen Rückschnitt der Äste auf das Nötigste, denn dadurch können neue Triebe mit Astgabeln entstehen, die von einigen Gartenvögeln wie beispielsweise Amsel, Singdrossel und Buchfink als Nestgrundlage gern angenommen werden.

Alte, hohe Bäume sind etwas Besonderes, nicht nur als schöner Anblick für uns Gartenbesitzer. Tote Äste bieten einen Lebensraum für zahlreiche Holz zersetzende Insekten und natürlich für Spechte und die darauf folgenden anderen Höhlenbrüter. Oben in der Baumkrone fühlen sich viele scheue Vogelarten sicher und können sich gut verstecken. Mit einem alten Baumbestand im Garten haben Sie sogar Chancen auf besondere Mitbewohner wie Waldkauz oder Kernbeißer.

Vogelbeere – der Name ist Programm

Die rote Beeren tragende Eberesche oder Vogelbeere mit ihrem filigranen Wuchs und ihren hübschen, gefiederten Blättern ist überaus wertvoll für die heimische Tierwelt. Die Beeren sind ein Leckerbissen für eine Vielzahl von Vögeln und Säugetieren. Allein über 60 Vogelarten, unter anderem Amsel, Sing-, Wein-, Rot-, Mistel- und Wacholderdrossel, Star, Rotkehlchen, Mönchs- und Gartengrasmücke, Gimpel und Seidenschwanz, ernähren sich von den roten Früchten, die im September reif werden.

Darüber hinaus werden die Früchte von Eichhörnchen, Siebenschläfer und Haselmaus verzehrt, ganz zu schweigen von den über 70 Insektenarten, die sich ebenfalls am Laub und den Beeren der Eberesche gütlich tun.

Gute Vogelbäume

Nicht nur bei Sträuchern und Hecken können Sie eine vo-
gelfreundliche Wahl treffen: Es gibt zahlreiche Baumarten,
die wunderbar für Vögel geeignet sind wie Eberesche, Eibe,
Elsbeere, Faulbaum, Feld-Ahorn, Hainbuche, Hasel, Kornel-
kirsche, Mehlbeere, Schwarze Maulbeere, Schwarzerle,
Schwedische Mehlbeere, Traubenkirsche und Weißdorn. Sie
alle tragen für Vögel wertvolle Früchte oder Samen.

*Hier oben im
Kirschbaum hat
das Amselmänn-
chen einen guten
Ausblick.*

Grüne Wände, wilde Ecken

Selbst auf kleinstem Raum können Sie Versteck- und Nistmöglichkeiten für Ihre Gartenvögel schaffen: Mit begrünten Hauswänden oder kleinen, vogelfreundlichen Oasen. Vogelarten wie Grauschnäpper, Zaunkönig, Rotkehlchen oder Amsel finden hier gute Nistgelegenheiten, Arten wie Stieglitz oder Girlitz natürliche Nahrung.

Grüne Fassade für Mitbewohner

Efeu eignet sich sehr gut, ist robust, pflegeleicht und braucht keinerlei Rankhilfe. Allerdings ist er sehr wuchsfreudig und dringt mit seinen Haftwurzeln in Fugen und Risse ein – nur gut verfugte oder glatte Fassaden eignen sich deshalb, sonst kann Efeu Schaden anrichten. Wenn Sie eine geeignete Wand haben, wählen Sie für den schattenverträglichen Ranker die Nord- oder Westfassade aus.

Wilder Wein ist ebenso geeignet, und zwar die Arten Dreispitzige Jungfernrebe, die selbst klettert, und die Fünfspitzige Jungfernrebe mit ihren geteilten Blättern, die eine Rankhilfe benötigt, dafür aber keine Haftwurzelspuren an der Fassade hinterlässt. Sie können auch Ihren alten Jägerzaun mit Geißblatt beranken lassen, das sieht schön aus und bietet wiederum Versteck- und Nistmöglichkeiten für Vögel, außerdem werden die Beeren gern gefressen.

Ein Grauschnäpper hat in einer mit Efeu begrünten Hauswand sein Nest gebaut.

Wilde Ecken im Garten

Wenn Sie einen etwas größeren Garten besitzen, können Sie vielleicht eine Ecke mit vogelfreundlichen Pflanzen einrichten, die mit ihren Samen Nahrung für zahlreiche gefiederte Besucher bereitstellen.

Ein Zaunkönig-nest – geborgen im Efeugerank.

Futterpflanzen für Vögel

Gute Futterpflanzen für Vögel wie Stieglitz, Heckenbraunelle, Girlitz oder Feldsperling, die Wildkrautsämereien mögen, sind Pflanzen wie beispielsweise Disteln (die heimischen Arten Gänsedistel, Acker-Kratzdistel), Karde, aber auch Hirtentäschel, Ampfer (aus den Blättern des Kleinen Sauerampfers dürfen Sie sich selbst dann eine gute Suppe kochen), die Wegerich-Arten, Knöterich (der Schlangenknöterich sieht auch noch sehr schön aus), Beifuß, Mädesüß, Vogelmiere und viele Wildgräser sind ebenfalls geeignet.

Insektenpflanzen

Für die Insekten können Sie im Garten beispielsweise Futterpflanzen für Schmetterlingsraupen anpflanzen, gegebenenfalls gut versteckt in einer Gartenecke. Dazu gehören Brennnesseln (Tagpfauenauge, Admiral, Landkärtchen und Kleiner Fuchs), Acker-Kratzdisteln (Distelfalter), Acker-Senf und andere Kreuzblütler oder Kapuzinerkresse (Kohl-Weißlinge). Und auch wenn Ihre Gartenvögel hier viele der Rau-

Futter selbst aussäen

Säen Sie Sonnenblumen aus, die Samen werden von vielen Vögeln gern direkt aus der reifen Blüte genascht. Auch Kolbenhirse, wie sie für Wellensittiche im Handel ist, kann als Saatgut gekauft und im Garten selbst gezogen werden – ein Leckerbissen für alle Gartenvögel, die kleine Samen bevorzugen. Gut für die Aussaat im Garten eignet sich auch Rispenhirse.

pen an ihre Küken verfüttern – Sie fördern mit solchen Raupenfutterpflanzen auch die Schmetterlinge.

Heimische Blütenpflanzen oder solche, auf die Bestäuberinsekten fliegen, sind ebenfalls empfehlenswert für das biologische Gleichgewicht in Ihrem Garten. Blühende Kräuter wie Oregano, Thymian und Rosmarin sind sehr beliebt, und Sie haben auch noch etwas davon. Mähen sie Ihren Rasen nicht überall kurz, sondern lassen Sie Rot-Klee und Löwenzahn hier und da zur Blüte kommen. Insekten und Vögel werden es Ihnen danken.

Vogelfreundliche Gartenpflege

Sie haben also vielfältige Möglichkeiten, in Ihrem Garten neue Lebensräume für unsere heimischen Vögel zu schaffen. Mit der richtigen Pflege Ihres Vogelgartens wird die Freude noch größer, wenn Sie ein paar Punkte beachten.

Ohne Chemie

Verzichten Sie auf chemische Hilfsmittel wie Fungizide, Herbizide und Insektizide. Die Vögel übernehmen einen Großteil der Insektenbekämpfung, und wenn es Ihnen doch einmal zu viel wird, können Sie mit Pflanzenjauchen umwelt- und vogelfreundlich spritzen – Informationen dazu finden Sie in Bio-Gartenbüchern.

Kompost ist Gold wert

Auf Torf können Sie getrost verzichten, denn erstens werden dafür unwiederbringlich Moore zerstört und zweitens gibt es Alternativen, nämlich Kompost und Mulch aus dem eigenen Garten. Im Gartenboden gedeihen die kleinen fleißigen Bodenverbesserer wie Regenwürmer und andere Tierchen am besten, wenn der Boden reich an Humus und natürlichen „Düngern" ist. Verzichten Sie deshalb auf die

In einem Garten findet das Mönchsgrasmücken-Weibchen viele Insekten.

Verwendung von künstlichen Düngemitteln wie Blaukorn, Stickstoff, Salpeter, Bittersalz und auf nitrathaltige Kunstdünger. Verwenden Sie stattdessen organischen Pflanzendünger wie reifen Kompost und abgelagerten tierischen Mist.

Kompost lässt sich leicht gewinnen, indem Sie in ihrem Garten einen Komposthaufen anlegen, der aus biologischen Garten- und Küchenabfällen sowie gehäkseltem Hecken- und Strauchschnitt, Blättern und anderen pflanzlichen Stoffen entstehen kann. Im reifen Kompost leben zahlreiche Regenwurmarten, Fadenwürmer und Insektenlarven, die bei der Ausbringung des organischen Düngers in Ihren Gartenboden mit „umquartiert" werden. Damit ist der erste Schritt getan, Ihren Gartenboden als Nährstoffgeber für Gebüsche, Sträucher und Bäume pflanzenfreundlicher zu machen. Ein weiterer Pluspunkt für Ihren Garten, denn die Pflanzen werden besser gedeihen und mehr Früchte und Beeren tragen als bisher.

Balkon und Terrasse

Und wenn Sie keinen Garten haben? Oder Sie Ihren vogelfreundlichen Garten bis direkt vor die Balkontür erweitern möchten? Dann können Sie, sogar in der Stadt, Ihre Terrasse oder Ihren Balkon mit vogelfreundlichen Sträuchern und Bäumen ausstatten (und darüber hinaus durch Fütterung und Nistkästen verlocken, wie Sie in den folgenden Kapiteln erfahren).

Vogelfreundlicher Sichtschutz

Planen Sie einen neuen Sichtschutz für Ihre Terrasse? Oder haben Sie eine alte Einfriedung aus Pfählen, Zäunen oder Mauern? Dann können Sie diese zur Freude der Gartenvögel mit insekten- und vogelfreundlichen Gehölzen, die Blüten und Früchte bilden, neu bepflanzen – eine Auswahl an guten Gehölzen finden Sie auf Seite 11. Dekorativ und besonders vogelfreundlich sind auch Rank-, Kletter- und Schlinggewächse (Seite 14) – viele Arten wie Zaunkönig oder Amsel bauen gerne ihre Nester in solchen grünen Wänden. Es gibt Sichtschutzzäune aus Holz zu kaufen, die sehr dicht von Efeu, Schlingknöterich oder Geißblatt bewachsen werden, hier finden sich sicher früher oder später Amseln ein, um direkt neben Ihrem Gartentisch ihre Küken großzuziehen.

Gehölze für den Kübel

Viele Gehölze gedeihen auch als Kübelpflanzen, und diese bieten auf dem Balkon flexible Gestaltungsmöglichkeiten.

Amseln bauen ihre Nester häufig auf Balkone oder Terrassen.

*Besuch! Haussper-
linge brüten sogar
auf Stadtbalkonen.*

Sie können sogar Apfelbäumchen (Ballerina-Formen) für
den Balkon kaufen, deren Blüten viele Insekten als Bestäu-
ber anlocken. Im Prinzip sind alle auf den Seiten 10 oder 11
genannten Gehölzarten geeignet, sie sind robust, winterhart
und schnittverträglich; so können Sie ihre Größe gut im
Zaum halten. Wenn Sie einen sehr großen Balkon haben,
bauen Sie sich doch einfach einen „Riesen-Balkonkasten"
aus Holzbrettern, die Sie mit Teichfolie (Löcher im Boden
für den Wasserablauf nicht vergessen) auskleiden. Oder
verwenden Sie große Baukübel aus dem Baumarkt – auch
hier müssen Sie unten Löcher bohren, damit überschüssiges
Wasser ablaufen kann. In so einen langgestreckten Kübel
können Sie sogar eine kleine Hecke aus verschiedenen heimischen Gehölzen pflanzen – Sichtschutz für Sie, Freude für
die Vögel.

Jeder Balkon ist anders gestaltet und hat eine andere
Himmelsrichtung. Achten Sie bei der Auswahl der Pflanzen
darauf, ob diese eher schattig oder meist in der vollen Sonne
stehen werden. Die meisten Gehölze brauchen viel Licht.

Efeu im Schatten

Efeu ist auch gut für nach Norden ausgerichtete, schattige Balkone geeignet und überaus robust.

Vögel füttern
rund ums Jahr

Das ganze Jahr über freuen sich unsere
Gartenvögel über Zusatzfutter, nicht
nur im Winter! Auch während der
Brutzeit können Sie mit Meisenknödeln,
Erdnüssen, Samen, Beeren und Früchten
die Lebensgrundlage der Vögel ver-
bessern.

Ganzjährig Vögel füttern?

Es gibt viele Vogelfreunde, die gerne das ganze Jahr über die im Garten lebenden Vögel füttern möchten. Dennoch entscheiden sie sich nicht für eine ganzjährige Vogelfütterung. Warum eigentlich nicht?

Seit langer Zeit hält sich die Regel, dass man Wildvögel nur im Winter und darüber hinaus nur bei Frost und geschlossener Schneedecke füttern soll. Diese Regel ist sicher nicht verkehrt, denn außerhalb dieser entbehrungsreichen Zeit finden viele Gartenvögel in der Regel zumindest ausreichend Nahrung.

Weniger natürliche Nahrung

Aber: Für viele Vogelarten wird die Nahrungsgrundlage in Form von Insekten, deren Eiern, Larven und Puppen sowie Wildkrautsamen, Körnern, Beeren und anderen Früchten immer knapper. Die Artenverarmung und Abnahme der Anzahl der Insekten führen Wissenschaftler auf den Einsatz von chemischen Pflanzenschutzmitteln zurück, während der Rückgang von Wildkrautsämereien, dem Gebrauch von Unkrautvernichtungsmitteln zuzuschreiben ist.

Rückgang der Insekten

Dazu ein Beispiel, an das sich viele ältere Autofahrer erinnern werden: Wer in den 1960er-Jahren im Sommer mit dem Auto unterwegs war, musste zwischenzeitlich mehrere Male anhalten, um die Windschutzscheibe und die Scheinwerfer mit einem „Insektenschwamm" und Wasser von Insektenresten zu säubern. Fahren Sie heute auf Landstraßen und Autobahnen, finden Sie nur wenige tote Insekten auf der Windschutzscheibe.

Wissenschaftler beziffern den Rückgang der Insektenpopulationen zurzeit auf über 76 Prozent, bezogen auf das Jahr 1950. Daraus folgernd müsste der Vogelbestand unter den Insektenfressern um eine ähnliche Prozentzahl abgenommen haben. Werfen Sie einen Blick in die Rote Liste der bedrohten Vogelarten und Ihre Ahnungen werden bestätigt, denn dort sind viele Vögel aufgelistet, die in ihrer Existenz bedroht sind. Früher gehörten viele der in der Liste aufgezählten Vogelarten zu den „Allerweltsvögeln", wie zum Beispiel Haus- und Feldsperling, die jetzt (Fassung von 2008) auf der sogenannten Vorwarnliste der Roten Liste stehen.

Wildkräuter fehlen

Oft wird auch viel zu früh gemäht, so dass Wildblumen und Gräser keine Gelegenheit zur Bildung von Samen bekommen. Eine weitere Ursache ist die nachhaltige Veränderung unserer Landschaft durch landwirtschaftliche Nutzung, die in den letzten Jahrzehnten zu einem immer strukturärmeren und artenärmeren Lebensraum für die heimischen Pflanzen und Tiere geführt hat.

All diese Eingriffe in den Lebensraum unserer Vögel sind von Menschen gemacht. Dagegen erscheint es paradox, dass Gartenbesitzer und Vogelfreunde nicht versuchen dürfen, diese Defizite durch ganzjährige Fütterung der Vögel ein wenig auszugleichen.

Studien sagen ja!

Die Frage ist, ob der Vogelwelt durch ganzjährige Fütterung Schaden zufügt wird, ob die Vögel überernährt werden und ihnen dadurch die Nahrungssuche abgewöhnt, und ob gar ihre Brut mit falschem Futter versorgt wird.

Zahlreiche Studien im In- und Ausland, vor allem in Großbritannien, dem Land der Vogelfreunde, haben gezeigt, dass die Artenvielfalt der Gartenvögel durch ganzjährige Fütterung mit dem richtigen Futter sogar gefördert werden kann. Nachteile für die Gesundheit der Vögel haben sich in diesen Studien nicht ergeben.

Im Winter sind viele Vögel – wie diese Schwanzmeise – auf unsere Hilfe angewiesen.

Der Haussperling war früher Allerweltsvogel und leidet heute unter der veränderten Land(wirt)schaft.

Rechte Seite: Die Blaumeise weiß genau, was ihre Kinder benötigen.

Die Vögel gewöhnen sich auch nicht derart an die Fütterung, dass sie ihre natürlichen Nahrungsquellen ignorieren. Die Blau- und Kohlmeisen in Ihrem Garten werden sich nach wie vor als äußerst nützliche Insektenvertilger betätigen! Es konnte auch nicht statistisch relevant nachgewiesen werden, dass Jungvögel von Ihren Eltern durch im Frühling von Vogelfreunden gereichtes Futter falsch ernährt wurden. Die Tiere haben im Gegensatz zu uns Menschen ein sehr gutes Gespür dafür, welches Futter ihren Küken am besten bekommt.

Sieben gute Gründe für die ganzjährige Fütterung

– Ihr ganzjähriges Futterangebot für die Vögel erhöht die Artenvielfalt im Garten.
– Sie können mithelfen, auch selten gewordene Vogelarten zu unterstützen.
– Die zusätzlich angelockten Gartenvögel vertilgen Unmengen von Insekten.
– Sie leisten einen Beitrag zum aktiven Vogelschutz.
– Sie lernen durch das Beobachten der Vögel an der Futterstelle deren Verhaltensweisen kennen: Besser als jedes Fernsehprogramm!
– Durch den lebendigen Anschauungsunterricht können Sie Kinder für den Naturschutz begeistern.
– Sie schaden den Vögeln nicht.

Gimpel kommen auch am Stadtrand vor, sie mögen Sonnenblumen- kerne.

Natur erleben für alle

Last but not least: Mit der ganzjährigen Vogelfütterung tun Sie sich selbst etwas Gutes. Das klingt zunächst egoistisch, aber denken Sie nur einmal an Ihre Freunde, Kinder, Enkel …, die durch das Entdecken der bunten Vogelschar in Ihrem Garten die Natur hautnah erleben dürfen und dadurch selber zum Botschafter des Vogel- und Naturschutzes werden können. Das ist es doch in jedem Fall wert!

Durch die ganzjährige Vogelfütterung schaden Sie keinem Vogel. Sie können dadurch die Artenvielfalt in ihrem Garten vergrößern, unterstützen auch selten vorkommende Vogelarten und Sie vermitteln sich selbst und anderen Freude an der Natur.

Wenn Sie zusätzlich noch Ihren Garten vogelfreundlich gestalten (ab Seite 8) und geeignete Nistplätze anbieten (ab Seite 50), dann haben Sie beste Chancen auf ein echtes kleines Paradies direkt vor der Haustür.

Wo und wie den Tisch decken?

Wichtig ist vor allem, dass Sie die Futterstelle gut einsehen
können, dann ist der Weg frei für spannende Vogelbeobachtungen.

Der beste Platz

Dennoch aber bitte die Futterstelle nicht ganz nah an die
große Wohnzimmerscheibe stellen, damit hier keine Unfälle
passieren – Vögel sehen die Scheibe oft nicht und fliegen
häufig dagegen, meist mit fatalen Folgen.

Allein mitten auf der Wiese sieht so eine Futterstelle nicht
gut aus. Wählen Sie lieber die (etwas entfernte) Umgebung
von Büschen und/oder Bäumen, auf denen die wartenden
Besucher Platz nehmen können – aber nicht zu nah, damit
sich Katzen nicht unbemerkt anschleichen können. Sorgen
Sie dafür, dass die Futterstelle für Stubentiger unerreichbar
bleibt, indem Sie beispielsweise einen Futterspender an einem langen Draht von einem Ast herabhängen lassen.

Sicherheit am Boden

Weichfutterfresser wie Amseln oder Rotkehlchen nehmen das
Futter gerne am Boden an. Hier sollte eine größere freie Fläche
genutzt werden, um anschleichenden Katzen die Beutejagd
schwerer zu machen.

Bunte Besucherschar

Die größere Umgebung des Futterplatzes entscheidet übrigens wesentlich über die Artenvielfalt. So werden Sie am
Stadtrand oder in der Nähe einer größeren Parkanlage weit
mehr Vogelarten zu Gesicht bekommen als solche, die in der
Innenstadt leben.

Am Stadtrand können Buchfinken, Bergfinken, Gimpel,
Feldsperlinge und verschiedene Drosselarten vorkommen.
Daneben lassen sich Dohlen und Ringeltauben am Futter-
platz sehen. In der Innenstadt sind es möglicherweise „nur"
Blau- und Kohlmeisen, Haussperlinge, Grünfinken und Am-
seln.

Ideale Verhältnisse finden sich an Waldrändern in Dorf-
oder Stadtnähe. Dort sind dann außerdem Tannenmeisen,
Haubenmeisen und Sumpfmeisen am Futterhaus zu beob-

achten. Auch Zaunkönige, Wintergoldhähnchen, Heckenbraunellen, Rotkehlchen, Kernbeißer und Waldbaumläufer
gehören zu den Futter annehmenden Vogelarten. Kleiber,
Buntspechte und Eichelhäher können sich einfinden, sofern
Nüsse an der Futterstelle ausgelegt werden. Selbst durchziehende Wintergäste aus dem hohen Norden wie Birkenzeisige, Seidenschwänze und Tannenhäher sind an Waldrändern keine Seltenheit.

Links: An diesem Futterhäuschen wurden auch die Vögel berücksichtigt, die lieber am Boden nach Nahrung suchen.

Futterhaus oder Spender?

Am wenigsten pflegeintensiv sind Futterstellen, in denen
die Tiere ihren Kot nicht hinterlassen können, wie Futterspender, Meisenknödel und Meisenglocken. Dennoch bevorzugen viele Vögel das klassische offene Futterhaus, einige
nehmen nur Futter am Boden an. Die Mischung macht es!
Ideal ist es, wenn Sie statt einer großen Futterstelle mehrere kleine Plätze mit Leckerbissen anbieten. Erstens halten
sich dadurch Streitereien und Konkurrenz in Grenzen, zweitens bedienen Sie so unterschiedliche Vorlieben und fördern
somit verschiedene Vogelarten, und außerdem wird damit
die Gefahr verringert, dass einzelne erkrankte Tiere weitere
Vögel infizieren.

Wie füttern?

Wenn Sie mit der Fütterung beginnen, gehen Sie eine ge-
wisse Verpflichtung ein. Die Vögel gewöhnen sich an Ihre
Futtergaben und erwarten diese dann auch. Darum sollten
Sie den Fütterungsplatz täglich versorgen.

Die richtige Portion

Bieten Sie die Futterportionen entsprechend der Wetterverhältnisse an. Stellt sich am Futterhaus in einem Garten in
Waldnähe beispielsweise in einem kühlen, ungemütlichen
November zahlreicher Vogelbesuch ein, können Sie die täg-
lichen Rationen ruhigen Gewissens erhöhen. Bei Futterhäusern im Stadtgebiet – hier ist die Anzahl der Vogelbesucher
erfahrungsgemäß geringer – reichen kleinere Mengen.
Grundsätzlich bedeutet das: nur so viel Futter anbieten, wie
auch täglich verzehrt wird.

Mit dem einsetzenden Winter kommen immer mehr Vögel, die das Nahrungsangebot annehmen. Jetzt geht es an
der Futterstelle lebhafter zu. Die Vögel haben sich sehr
schnell an die zusätzliche Nahrungsquelle gewöhnt und

Klassisch und schön, muss aber regelmäßig gereinigt werden: offenes Futterhaus, hier mit einem Kleiber.

Rechts: Ein farbenfroher und gar nicht so seltener Besucher ist der Buntspecht.

kommen täglich etwa zur selben Uhrzeit. Daraus werden Sie als „Futterspender" überlebenswichtig. Denn wenn bei tiefen Minusgraden, starkem Schneefall, Raureif oder gefrierendem Niederschlag die tägliche Futtergabe ausbleibt, kann dies für die Gefiederten zu Notsituationen führen. Durch den hohen Energiebedarf der Vögel im Winter führt plötzlicher Nahrungsmangel bald zu Erschöpfungszuständen. Vögel sterben schnell an Hunger und Kälte. Deswegen ist es besonders wichtig, dass Sie, wenn Sie es einmal angefangen haben, die Vögel regelmäßig füttern.

Wieviel Sauberkeit muss sein?
Die Fütterungsplätze müssen regelmäßig sauber gemacht und, wenn nötig, auch desinfiziert werden. Futterreste, Schmutz und Kotreste entfernen Sie am besten mindestens einmal in der Woche. Etwa viermal im Jahr sollte ein offenes Futterhaus gründlich gereinigt werden. Schnell und effektiv ist folgendes Vorgehen: Verwenden Sie, nachdem Sie den Schmutz abgekratzt und mit einer groben Bürste herausgekehrt haben, einfach kochendes Wasser, das Sie direkt aus dem Wasserkocher in den Innenraum gießen – anschließend trocknen lassen, bevor Sie neues Futter darin bereitstellen.

Altes Futter muss weg

Falls mal eine Futterstelle tagelang nur wenig besucht wird, müssen Sie alt und feucht gewordene Vogelnahrung entfernen, das Futterhäuschen reinigen und frische Nahrung hineingeben. Denn schlecht gewordenes Futter ist für Vögel schädlich.

Futterhaus Marke Eigenbau

Bauen Sie sich Ihr Futterhaus selbst! So können Sie es Ihrem Gartenstil anpassen und haben sicherlich bei der Beobachtung Ihrer Gartenvögel rund ums Jahr noch mehr Freude. Ein einfaches Futterhaus ist leicht herzustellen.

Baumaterial und Werkzeug

Die nötigen Holzteile können Sie entweder selbst zuschneiden oder sich im Baumarkt zusägen lassen. Sie benötigen zum Bau zusätzlich Holzleim, Senkkopfschrauben (4,5 × 35 mm sowie 4 × 50 mm), 50-mm-Nägel und außerdem verzinkte Pappnägel sowie Bitumen- oder Teerpappe. Für die Verbindung des Futterhauses mit dem Holzpfahl, auf dem es stehen wird, brauchen Sie noch zwei verzinkte Metallwinkel (Fläche 40 × 60 mm).

Allein die Gestaltung des Daches kann viel zur Optik beitragen.

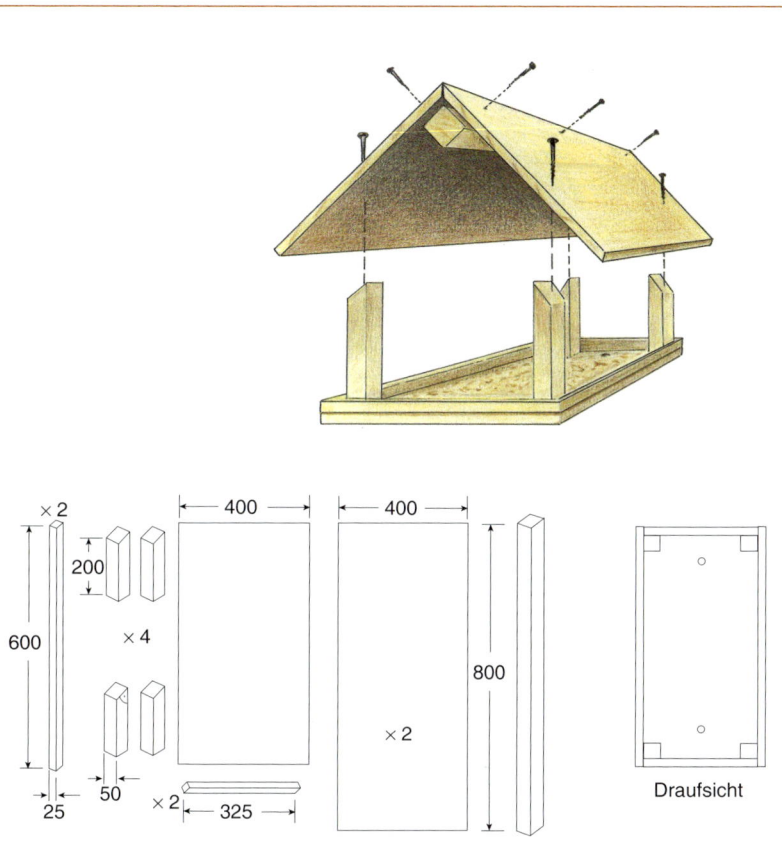

Draufsicht

Holzteile für das Futterhaus

– Eine Bodenplatte aus Voll- oder Leimholz (Brettstärke 20 mm, 400 × 600 mm)
– Vier Randleisten für die Bodenplatte (2 × Länge 600 mm, 25 × 25 mm für die langen
  Seiten und 2 × Länge 350 mm, 25 × 25 mm)
– Vier Kanthölzer 50 × 50 mm, an einer Seite im Winkel von 45° angeschrägt
  (Länge bis zur Anschrägung 200 mm) für die Eckpfeiler
– Ein Kantholz 50 × 50 mm (Länge 800 mm) als Firstbalken
– Zwei Holzdachplatten aus Sperrholz (Stärke 4 bis 5 mm, 800 × 400 mm),
  eine Seite im Winkel von 45° angeschrägt

So wird's gemacht

- Nachdem Sie die Einzelteile zugesägt haben, bohren Sie entlang der Kanten der Bodenplatte im Abstand von ca. 10 cm und 1 cm vom Rand entfernt Löcher für die Befestigung der Randleisten. Auch alle anderen Löcher zur Aufnahme der Schrauben müssen vorgebohrt werden.
- Bohren Sie zwei Löcher in die Bodenplatte als Ablauf für Feuchtigkeit, die eventuell bei Wind bis unter das Dach gelangt.
- Dann leimen Sie die Randleisten an die Bodenplatte und schrauben Sie diese anschließend fest.
- Als Nächstes leimen Sie die Eckpfeiler so an die Bodenplatte, dass sie innerhalb der Randleisten stehen und die geneigte Fläche der oberen Abschrägungen der Kanthölzer auf der Außenseite liegt. Schrauben Sie die Eckpfeiler anschließend – nach Vorbohrung – fest.
- Verleimen und verschrauben und Sie den Firstbalken mit den beiden Dachplatten.
- Verleimen und verschrauben Sie das Dach auf den vier Eckpfeilern.
- Streichen Sie das Holz mit umweltfreundlichem, lösungsmittelfreiem Holzschutzmittel an (z. B. Leinölfirnis) oder streichen Sie es mit einer umweltfreundlichen Farbe an. Sie können es auch mit Bienenwachs, das Sie warm machen, bestreichen – eine besonders natürliche Variante.
- Nageln Sie anschließend die Bitumen- oder Teerpappe auf das Dach.
- Falls der Stamm, der das Haus tragen soll, rund ist, wird das obere Ende an zwei gegenüberliegenden Seiten so abgeflacht, dass die Winkel angebracht werden können. Schrauben Sie das Futterhaus an der Unterseite an den Winkeln fest, indem Sie die Schrauben von oben durch den Boden und die Winkellöcher führen und dann mit einer Mutter befestigen.
- Das Futterhaus wird an einer windgeschützten Stelle auf dem eingegrabenen Pfahl in einer Höhe von 1,50 bis 1,80 m befestigt.

Schön sicher

Zum Abwehren von anfliegenden Beutegreifern wie Habicht und Sperber können Sie das Dach der Futterstelle mit aufgerichteten Dornenzweigen versehen. Um kletternden oder

aufspringenden Katzen oder Mardern den Zugang zu ver-
wehren, bringen Sie abwärts gerichtete Dornenzweige, beispielsweise Reisig von Rot- oder Weißdornbüschen, am
Stamm an.

*Auf einem Pfahl
montiert und mit
Dornenzweigen vor
Greifvögeln, Katzen
und Mardern ge-
schützt.*

Strohdachhäuschen

Wer möchte, kann das Holzdach des Futterhauses auch mit
Stroh oder Reet decken – mit Hilfe von verzinktem Draht und
Metallkrampen. So bekommt es ein dekoratives Aussehen.

Vogelfutter für alle

Das Futterangebot sollte immer auf möglichst viele in der Gegend lebende Vögel abgestimmt sein. Einseitige Fütterung unterstützt nur wenige Vogelarten, die sich dann im Laufe der Zeit stark verbreiten können. Auf diese Weise können einzelne Vogelarten über Jahre ganz verschwinden. Mit einer vielseitigen Fütterung leisten Sie deshalb einen Beitrag zu einem natürlichen Gleichgewicht.

Vogelgerecht das ganze Jahr

Unser gewohntes Wintervogelfutter eignet sich im Prinzip auch für die Fütterung rund ums Jahr. Fetthaltige Futterarten wie Meisenknödel oder Erdnüsse erscheinen Ihnen vielleicht als reines Energiefutter für schlechte Zeiten – tatsächlich aber sind sie auch im Frühling und Sommer wertvoll und geeignet für viele Vogelarten.

Tisch- und Speiseabfälle dürfen Sie den Gartenvögeln nicht vorsetzen. Abgesehen davon, dass nicht erwünschte Mitesser wie Ratten oder – im Norden – Möwen angelockt werden, sind salz- und zuckerhaltige Speisen, mineralische Öle und Fette sowie Backwaren keine verträgliche Nahrung für unsere heimischen Vögel.

Stieglitze bevorzugen Wildkrautsamen, beispielsweise von Distel und Löwenzahn.

Ganz natürlich

Bei Spaziergängen im Herbst in Feld und Wald können Sie gezielt Wildkräutersamen, Wildbeeren und Baumfrüchte sammeln. Sie lassen sich in getrockneter Form oder – besser– tiefgefroren für die Vogelfütterung aufbewahren. Aber bitte nicht alles abernten, sondern nur hier und da, denn die immer seltener werdenden Wildkräuter bieten den Vögeln eine natürliche Nahrungsquelle.

Die Ernte von Wildkräutersamen ist ganz einfach: Kompakte, geschlossene Fruchtstände und Samenkapseln bestimmter Wildkräuter werden mit der Schere abgeschnitten, z. B. die Kapseln von Klatsch-Mohn und die Samenstände von Hornklee und Vogelwicke, Gänse- und Kratzdistel, Klette, Nachtkerze, Löwenzahn und Stiefmütterchen. Löwenzahn- und Distelsamen können Sie bedenkenlos in großen Mengen sammeln, da diese ja sehr häufig anzutreffen sind. Offene Fruchtstände in Ähren- oder Doldenform können einfach mit der Hand abgestreift werden, z. B. die von Wegerichgewächsen, Melde- und Ampferarten, Knöterich sowie unterschiedlichen Rispengräsern.

Für den Transport der gesammelten Futtersorten eignet sich am besten ein luftdurchlässiger Stoffbeutel. Ausgebreitet auf einer Papierunterlage können Sie die Sämereien trocknen lassen, ohne dass sich Schimmel bildet, beispielsweise auf dem warmen und trockenen Dachboden. Sie können dann in Papiertüten an einem trockenen Ort bis zu einem Jahr aufbewahrt werden.

Links: So hübsch und appetitlich können Sie den Gartenvögeln gefrorene Beeren anbieten.

Rechts: Erdnüsse gehören zu jeder Fütterung und sind praktisch im Spender anzubieten. Hier tut sich ein Erlenzeisig gütlich.

Amseln lieben Beeren. Hier hat ein Männchen heruntergefallene Weißdornbeeren gefunden.

Mit Wildbeeren verfahren Sie ebenso. Sie können sie auch bei etwa 50 °C mit leicht geöffneter Tür im Backofen trocknen, das ist allerdings eine ziemliche Energieverschwendung. Oder Sie frieren die Beeren in kleinen Portionen (so viel, wie Sie an einem Tag verfüttern) ein. Vorteilhaft bei gefrorenen Früchten ist, dass sie nach dem Auftauen im Winter den Vögeln relativ frisch am Futterhaus im Garten angeboten werden können und noch mehr Vitamine enthalten als getrocknete Beeren.

Viele Weichfresser unter den Vögeln, wie die Amsel und weitere Drosselarten, können Sie mit solchen Wildbeeren an Ihre Futterstelle locken. Aber Achtung! Viele bei Vögeln beliebte Beeren und Früchte sind für den menschlichen Verzehr nicht geeignet, sie sind ungenießbar oder giftig: rohe Holunderbeeren, die Beeren vom Geißblatt, Efeu, Liguster, Eibe und Stechpalme.

Wer es besonders gut mit den Futtergästen meint, kann im Wald verschiedene Baumfrüchte sammeln: Bucheckern, Hasel- und Walnüsse, Samen von Ahorn- und Lindenbäumen, Erlen- und Birkenfruchtstände. Zerkleinern Sie Nüsse und Bucheckern, bevor Sie diese am Futterhaus anbieten.

Geeignete Wildfrüchte

Es eignen sich unter anderem Ebereschen- (= Vogelbeeren-), Wacholder- und Mehlbeeren, Holunderbeeren, verschiedene Hagebutten, Heidel- und Preiselbeeren, die Beeren von Rot- und Weißdornbüschen, der Stechpalme, vom Schneeball und vom Sand- und Feuerdorn.

Rezepte für gefiederte Gourmets

Gekaufte Meisenringe und Meisenknödel bestehen meist aus einem Gemisch tierischer und pflanzlicher Fette wie Rindertalg, Schweineschmalz und Kokosfett, denen je nach Nahrungsbedarf der Vögel feine Sämereien und grobe Körner beigegeben werden. Dies ist ein energiereiches Futter, das fast von vielen am Futterhaus vorkommenden Vögeln gern aufgenommen wird.

Meisenknödel & Co.

Fettfutter ist bei fast allen Gartenvögeln äußerst beliebt und sehr wertvoll. Sie können es auch im Sommer füttern. Insekten enthalten übrigens sogenannte Fettkörper und sind dadurch eine gehaltvoll-fettige Nahrung. Fettfutter entspricht also durchaus den natürlichen Bedürfnissen unserer Gartenvögel.

Welches Fett?

Wenn Sie Fettfuttermischungen selbst herstellen möchten, sparen Sie nicht nur Kosten, sondern können auch hübsche Futterplätze in Form von gefüllten Blumentöpfen, Kokosnussschalen oder selbst geformten Knödeln an natürlichen Zweigen herstellen.

Als Fette eignen sich vor allem Rindertalg vom Metzger, dem man noch zu einem drittel Schweineschmalz und/oder Kokosfett aus dem Supermarkt zugeben kann. Schweineschmalz allein wird nicht fest genug. Rindertalg wird gerne angenommen, Kokosfett ist geruchsneutraler. Mischen Sie reinem Rindertalg zwei bis drei Esslöffel Speiseöl pro Kilo Talg hinzu, dann bleibt das Fett geschmeidiger und lässt sich besser formen.

Für Körnerfresser

Präparieren Sie Blumentöpfe aus Ton oder halbierte Kokosnussschalen oder andere halbkugelige Gefäße, indem Sie in der Mitte ein Kletterstöckchen oder -band für die Vögel anbringen und am oberen Ende eine Aufhängeschlaufe. Sie können beispielsweise ein – verzweigtes – Stöckchen, das unten weit herausragt, von innen durch das Abflussloch eines kleinen Blumentopfes stecken und es oben einmal quer durchbohren. Durch diese Bohrung ziehen Sie dann ein Band zum Aufhängen. Füllen Sie die leicht abgekühlte, zäh-

Rechts: Bei dem Wetter freut sich die Blaumeise über das nahrhafte Dach über dem Kopf.

Rezept für Meisenknödel & Co.

– Je gut 300 g Rindertalg, Schweineschmalz und Kokosfett oder
– 1 kg Rindertalg oder Kokosfett und 3 EL Speiseöl
– 1 kg Körnermischung: Sonnenblumenkerne und Hanf oder feine Sämereien sowie Haferflocken

Das Fett langsam schmelzen lassen und die Körner untermischen, dann alles einmal kurz aufkochen lassen. Viele Wildkrautsämereien (Seite 37) und Bruch aus Erdnüssen oder Haselnüssen sind hervorragend als Zugabe geeignet.

flüssige Fettmasse in den Topf oder die Nussschale. Nach dem Erstarren der Masse können Sie diese als Meisenglocken im Garten an Bäumen oder am Futterhaus aufhängen. Sie können auch aus der halb erstarrten Masse Knödel formen und diese auf Backpapier erkalten lassen. Sie lassen sich in speziellen Meisenknödelhaltern aus dem Fachhandel oder Baumarkt auch ohne die optisch wenig ansprechenden Plastiknetze servieren. Die verschiedenen Meisenarten sowie Buntspechte nehmen das gerne an. Speziell für Kleiber, Buntspechte, Garten- und Waldbaumläufer streichen Sie die Mischung warm in Ritzen besonders borkiger Baumrinde, in Astlöcher und Mauerspalten.

Für Weichfresser

Viele Gartenvögel mögen lieber Insekten oder Beeren, sie naschen dennoch gern von heruntergefallenen Krümeln der Meisenknödel und Meisenglocken. Speziell für diese Arten, wie Rotkehlchen oder Heckenbraunelle, lässt sich spezielles Fettfutter herstellen, dass Sie beispielsweise in Blumentopfuntersetzer gießen können und dann direkt auf dem Boden anbieten. Oder Sie streichen es für Baumläufer in Rindenritzen am Baum.

Amsel, Drossel ...

Im Fachhandel gibt es fertiges Weichfutter für die **Weichfresser** unter den Gartenvögeln zu kaufen – das ist eine einfache Methode, diese Gäste zu verkösten. Sie können aber auch für wenig Geld selbst ein ähnliches Futter herstellen. Amseln, Drosseln, Rotkehlchen, Zaunkönige und Heckenbraunellen nehmen es gerne an.

Rezept für feinere Schnäbel

– Je gut 300 g Rindertalg, Schweineschmalz und Kokosfett
oder
– 1 kg Rindertalg oder Kokosfett und 3 EL Speiseöl
– 1 kg Mischung aus getrockneten Früchten, feinen Haferflocken und getrockneten Mehlwürmern (gibt es im Handel, siehe Bezugsquellen Seite 124) oder Igelfutter
Wie auf Seite 40 beschrieben verfahren. Eignet sich besonders gut für Baumläufer (in Rindenritzen streichen), Rotkehlchen, Zaunkönige und andere Vögel mit feinerem Schnabel. Auch Meisen stehen darauf.

Krümeliges Weichfutter

– 200 g Hafer- oder andere Getreideflocken, in Oliven- oder Sonneblumenöl getränkt
– 150 g tiefgefrorene Wildbeeren
– 100 g eingeweichte Rosinen oder Korinthen (ungeschwefelt)
– 100 g fein zerschnittenes Trockenobst (ungeschwefelt)
– 4 hartgekochte, kleingeschnittene Eier.
Die Zutaten mischen. Sie können auch 200 g erwärmten Rindertalg zugeben. Das Futter in abgepackten Mengen zu je 100 g einfrieren.

Rotkehlchen kann man mit Weichfutter in den Garten locken.

Das Gemisch sollte unbedingt nur in 100-Gramm-Portionen frisch verfüttert werden, bei akutem Bedarf. Beobachten Sie, wie viel in kurzer Zeit gefressen wird – länger als einen Tag sollte dieses Futter nicht im Garten liegen, sonst verdirbt es und ist dann für die Vögel schädlich. Mit dem erwärmten Rindertalg erhält das Weichfuttergemisch eine festere Konsistenz.

Ein sehr einfaches Fettfutter für Vögel, die gern weichere Nahrung zu sich nehmen, sind in Öl getränkte Haferflocken. Hierfür wärmen Sie einfach 200 g Kokosfett oder 200 ml Speiseöl (Sonnenblumenöl oder Olivenöl) mit einer Packung (500 g) Haferflocken im Topf und rühren, bis die Flocken das Öl vollständig aufgesogen haben.

Äußerst beliebt bei vielen Vögeln sind Mehlwürmer, die Larven des Mehlkäfers. Sie können diese getrocknet im

Handel kaufen oder selbst eine Mehlwurmzucht anlegen, was vielleicht nicht jedermanns Sache ist, aber recht einfach, wenn Sie einen warmen Kellerraum haben.

Es bleibt Ihnen überlassen, ob Sie die Weichfressernahrung den Vögeln am Futterhaus oder an einer Bodenfutterstelle anbieten – am besten ist natürlich beides, um mehrere Vogelarten zu bedienen. Allerdings sollten alle genannten Futterstellen gegen Niederschläge geschützt sein, denn Weichfutter, besonders mit Ei, ist empfindlich gegen Fäulnis. Eine Geruchsprobe verrät den Frischezustand und signalisiert Ihnen, wann das Futter gegen frisches austauscht werden muss.

Links: Ein eher seltener Gast: Schwanzmeise im Meisenring.

Rechts: Auch Feldsperlinge mögen Meisenknödel.

... Fink und Meise

Geschroteter Hafer oder Haferflocken, Weizen, Gerste, Roggen oder Mais lassen sich als Nahrungsgrundlage für **Körnerfresser** verwenden. In solche Futtermischungen gehören außerdem Sesamkörner, Raps, Hirse, Buchweizen, Sonnenblumenkerne und Hanfkörner. Viele Körnerfresser möchten kleinere Samen haben, Stieglitz und Girlitz oder Feldsperling gehören dazu. Probieren Sie einmal Futter für Kanarienvögel, das viele feine Sämereien enthält. Getrocknete Wildkrautsamen (Seite 37) vervollständigen das Angebot an Futtersorten für die Körnerfresser. Natürlich können Sie diese Mischung auch mit Fett verrühren und für die oben erwähnten Meisenknödel benutzen. Probieren Sie aus, welche Körner von Ihren Gefährten im Garten gerne genommen und welche verschmäht werden. So kommen Sie der idealen Mischung schnell auf die Spur.

Gekauftes

Wer Vogelfutter nicht selbst herstellen oder mischen möchte, findet im Fachhandel, in Gartencentern, Baumärkten oder Zoohandlungen, im Winter auch in jedem Supermarkt eine Vielzahl fertiger Futtermischungen für Körner- und für Weichfresser, das sich ebenso gut eignet wie selbst

Ein aufgeschnittener Apfel ist im Winter ein Leckerbissen für Amseln.

gemischtes Futter. Sie können mittlerweile sogar sogenanntes Sommerfutter kaufen, aber ebenso gut das „normale"
Vogelfutter rund ums Jahr anbieten. Mit dem gekauften
Futter sind Sie eben nur etwas weniger flexibel, wenn Sie
sich auf den speziellen Geschmack Ihrer Gartengäste einstellen wollen.

Nur im Winter kann man Bergfin-ken an der Futter-stelle beobachten.

Weich- und Waldvogelfutter

Das gekaufte Weichfutter spart eine Menge Aufwand und ist
in der Regel von hervorragender Qualität. Gegenüber dem
hausgemachten Futter enthält es zusätzlich Insektenanteile
in getrockneter und damit konservierter Form. Außerdem
setzt der Hersteller dem Weichfutter oft Mineralstoffe und
Vitamine bei – ein nicht zu unterschätzender Vorteil dieses
Nahrungsangebots.

Im Handel bekommen Sie auch Waldvogelfutter mit vielen kleinsamigen Bestandteilen von Hanf, Rübsen, Mohn,
Lein- und Spitzsamen (Samen des Kanarien- oder Glanzgra-
ses) sowie Distelsamen. Es wird gerne von Stieglitzen, Zeisi-
gen, Feldsperlingen und Heckenbraunellen angenommen.

Die Kohlmeise lässt sich den nahrhaften Energiekuchen schmecken.

Fettfutter

Fettfutter aus dem Handel sind in erster Linie Meisenknödel oder Meisenringe. Auch mit Fett angereicherte Haferflocken gibt es im Winter zu kaufen.

Vogelfutter ist nur begrenzt haltbar. Achten Sie deshalb immer auf das Haltbarkeitsdatum.

Energiekuchen

Eine Besonderheit sind Energiekuchen, Blöcke aus Fett mit fein gemahlenen Beimischungen aus Erdnüssen, Insekten oder Beeren. Sie werden gerne angenommen, sind aber auf Dauer nicht gerade preiswert.

Tränke und Planschbecken

Es ist absolut sinnvoll, Ihren gefiederten Gästen eine Trink- und Bademöglichkeit im Garten anzubieten, wobei die Vögel nicht zwischen Tränke und Wanne unterscheiden.

Es eignet sich eine größere, flache Schale mit rauer Oberfläche, beispielsweise aus Beton, Terrakotta oder Stein. Das Wasser füllen Sie etwa 5 cm hoch ein.

Gehäuftes Auftreten verschiedener Vogelarten sowohl am Futterplatz als auch an der Trink- und Badestelle kann auch problematisch werden: Es wächst die Gefahr ansteckender Krankheiten. Achten Sie darauf, die Tränke regelmäßig zu reinigen und mit frischem Wasser zu füllen. Sie können sie einmal im Monat mit kochendem Wasser ausspülen, um eine Ausbreitung von Keimen zu verhindern.

Wichtig für Gefiederpflege und gegen den Durst ist die Tränke. Hier badet eine Blaumeise.

Wohnungen für Vögel

Kaum etwas ist schöner für Garten-
und Vogelfreunde, als im eigenen
Garten zu erleben, wie Vogelkinder
großgezogen werden. Um verschiedene
Vogelarten anzulocken, brauchen Sie
verschiedene Arten von Nistkästen.

Nisthilfen für gefiederte Nachbarn

Auf vielerlei Weise können Sie im eigenen Garten zum Schutz der bunten Vogelwelt beitragen. Die große Zahl der Vogelarten in den Gärten und Parks ist ein untrügliches Zeichen für den Wert dieser Flächen für die Umwelt.

Nicht sehr sinnvoll ist es, wahllos eine Menge gleichartiger Nisthilfen um das Haus herum zu verteilen. Dies würde dazu führen, dass sich nur bestimmte, auf diese Nisthilfen fixierte Vogelarten ansiedeln, zum Beispiel lauter Blaumeisen. Es entstünde eine Überpopulation, die das biologische Gleichgewicht nachhaltig stören würde. Auf die richtige Anzahl der verschiedenen, den Vogelarten angepassten Nisthilfen kommt es an, damit die Vogelvielfalt sich einstellt und erhalten bleibt.

Im Garten

Erfahrungswerte von Vogelkundlern sagen, dass ein Hausgarten von 500 Quadratmetern mit entsprechender Begrünung durch Sträucher und Bäume mit höchstens sechs unterschiedlich konstruierten Nisthilfen für verschiedene Vogelarten ausgestattet werden sollte. Empfohlen werden drei geschlossene Nistkästen mit unterschiedlich großen Einfluglöchern für Meisen und eine weitere Vollhöhle für Haus- oder Feldsperlinge.

Weil verschiedene Fliegenschnäpperarten sowie Haus- und Gartenrotschwanz, Zaunkönig und Bachstelze auch offene Halbhöhlen als Brutplatz annehmen, können Sie weiterhin zwei Halbhöhlen an unterschiedlichen Standorten in Ihrem Garten platzieren. Sinnvoll ist es außerdem, Nisttaschen für Nischen- und Freibrüter wie Amsel, Rotkehlchen und Heckenbraunelle im dichten Gebüsch oder einer Hecke zur Verfügung zu stellen.

Am Haus

Weitere Nistgelegenheiten für einige Vogelarten können direkt am Wohngebäude oder an der Gartenlaube angebracht werden. Eine Halbhöhle kann am Haus in eine Mauerecke unter dem Dach, an der Wand in Efeu- oder Weinranken, unter dem überstehenden Garagendach oder am Dachüberstand der Gartenlaube befestigt werden. Mit etwas Glück lassen sich damit die zwei heimischen Rotschwanzarten, Grauschnäpper oder Zaunkönig zum Nestbau motivieren.

Katzensicher

Achten Sie besonders darauf, dass Nisthilfen möglichst katzen-sicher aufgehängt werden. Sie können noch mit großlöcherigem Maschendraht oder – natürlicher – mit dornigen Zweigen von Weiß- und Rotdornbüschen geschützt werden.

Sind auf dem Gartengrundstück tagsüber offen stehende Gebäude wie Garagen, Hauswirtschaftsräume oder andere Nebengebäude vorhanden, lohnt sich in ländlichen Gegen-den der Versuch, in solchen Innenräumen Nisthilfen für Rauchschwalben anzubieten. An den Außenwänden des Wohnhauses können Nischenbretter oder Kunstnester für Mehlschwalben angebracht werden.

Wie wird's gemacht?

An Bäumen aufgehängte oder an Wänden von Haus, Ga-rage, Schuppen oder Gartenlaube angebrachte Nistkästen in Form von Halb- oder Vollhöhlen sollten einen Abstand zum Boden von drei bis sechs Metern haben. Die Brutplätze soll-ten so montiert werden, dass kletternde und fliegende Beu-tegreifer sie nicht erreichen können.

Achten Sie auf die richtige Himmelsrichtung beim Anbringen der Kästen.

Rechte Seite: Die Nistkästen sollten im Herbst ausgeräumt und gereinigt werden.

Bei Nistkästen, die in Gärten, Obstanlagen oder direkt an Gebäuden angebracht werden, sollte das Flugloch möglichst nach Südosten gerichtet sein. Sofern der Nistplatz nicht im Halb- oder Dauerschatten angebracht ist, ist bei dieser Himmelsrichtung garantiert, dass keine übermäßige Sonneneinstrahlung im Tagesablauf den Brutplatz zu stark aufheizt. Auf keinen Fall sollte die Ein- und Ausflugöffnung zur Wetterseite (Nordwest) zeigen, sonst regnet oder stürmt es direkt herein. Damit kein Regen eindringen kann, sollte der aufgehängte Kasten auch niemals nach hinten, sondern eher leicht nach vorne geneigt sein.

Der geeignete Zeitpunkt

Nistkästen hängen Sie am besten im Herbst auf, weil einige Vögel, Kleinsäuger wie Siebenschläfer und auch Insekten die Kästen dann zum Schlafen oder sogar zum Überwintern nutzen können. Man kann die Nisthilfen natürlich auch bis Ende März im Garten oder an Gebäuden aufhängen. Für Mauersegler sollten die Höhlen spätestens Mitte April angebracht sein.

Bei akuter Gefährdung (z. B. durch Baumaßnahmen) während der Brutzeit lassen sich viele Vogelarten einige Meter umquartieren, ohne dass sie Gelege oder Junge verlassen. Sie sollten dies aber nur im Notfall tun und dann sehr behutsam vorgehen.

Pflege der Kästen

Höhlenbrütende Vögel bauen meist für jede Brut ein eigenes Nest, entfernen das alte aber nicht. Damit die Nistkästen nicht allmählich unbrauchbar werden, muss im Herbst das verbrauchte Nistmaterial entfernt werden. Sind die Nistkästen im Herbst belegt (z. B. durch Haselmäuse, Siebenschläfer, Hummeln oder Hornissen), verschieben Sie die Reinigung auf das kommende Frühjahr.

Ziehen Sie zum Reinigen Handschuhe an: Oft befinden sich Flöhe, Zecken oder andere Parasiten im Kasten. Dann sollten Sie die Nisthilfe mit Spachtel und harter Bürste, gegebenenfalls mit heißem Wasser, reinigen. Ist ein starker Befall von Parasiten feststellbar, sollten Sie den Innenraum mit einer Gasflamme (Lötlampe) ausflammen.

Ohne Gift

Verwenden Sie bitte keine chemischen Insektizide, dadurch könnten für Vögel giftige Rückstände im Höhleninneren zurückbleiben!

Neugierig?

Wenn Sie Nisthilfen anbringen, möchten Sie natürlich sehr gern wissen, ob und welche Vogelarten in Ihrem Kasten brüten.

Während der Brutzeit ist ein derartiges Kommen und Gehen am Brutkasten, dass Sie die Eltern ständig zu Gesicht bekommen. Wenn Sie regelmäßig beobachten, werden Sie wissen, wann die Vögel Eier gelegt haben (kein Eintrag von Nistmaterial mehr, das Männchen versorgt in den meisten Fällen das brütende Weibchen). Dann dauert es bei den meisten Kleinvögeln etwa zwei Wochen, bis die Jungen schlüpfen und weitere zwei Wochen, bis sie das Nest verlassen – Details zu jeder Vogelart finden sie im Porträtteil ab Seite 78.

In den Kasten sehen sollten Sie lieber nicht, denn dadurch kann es zur vorzeitigen Nestflucht der jungen Vögel kommen.

Lassen Sie Ihre Kinder gemeinsam mit Ihnen die verschiedenen Schritte des Brutgeschäfts beobachten und no-

Vogeltagebuch

Führen Sie ein Tagebuch mit Daten Ihrer Beobachtungen der fleißigen Vogeleltern. Lassen Sie Ihre Kinder das Tagebuch mit Zeichnungen illustrieren. Besser als jedes Lehrbuch!

– Wann wird gebalzt?
– Wann beginnen die Vögel, Nistmaterial einzutragen?
– Wann beginnt das Weibchen (manchmal auch im Wechsel mit dem Männchen) zu brüten? – ab jetzt sieht man nur noch das Männchen, das Nahrung für das Weibchen herbeischafft.
– Wann beginnen beide Eltern mit der Versorgung der Jungvögel?
– Was wird wann gefüttert? Wie oft? Das können Sie dann in Versorgungsflüge pro Stunde umrechnen.
– Wann sind die ersten Laute der Jungen zu hören?
– Wann verlassen die Kleinen das Nest?
– Wann beginnen die Eltern mit der zweiten Brut?

Blaumeisennachwuchs im eigenen Garten.

tieren. Vielleicht sind Sie dann aktuell dabei, wenn die Jungen ausfliegen?

Es kann vorkommen, dass die Nisthilfen von anderen als den ursprünglich vorgesehenen Tierarten angenommen werden. Hummeln, Wespen, Hornissen und verwilderte Honigbienen können dort ihren Wohn- und Brutplatz eingerichtet haben – also Vorsicht bei der Kontrolle! Kleine Säugetiere wie Haselmäuse oder Siebenschläfer bewohnen die Höhlen gern. Verschiedene Fledermausarten nutzen ebenfalls jede erdenkliche Nisthöhlenform vorübergehend als Ruhe- oder Schlafplatz.

In vielen Großraumbruthöhlen, ursprünglich für Waldkäuze und Schleiereulen gedacht, sind Fremdbelegungen durch Eichhörnchen und Steinmarder möglich, die hier ihre eigene Kinderstube einrichten wollen.

Selber bauen oder kaufen?

Sie können Nisthilfen für den eigenen Garten selbst bauen – dies ist die kostengünstigere Variante und gar nicht schwer. Wie es geht, finden Sie ab Seite 58 ausführlich beschrieben. Für handwerklich weniger Interessierte gibt es eine Vielzahl käuflicher Nisthilfen, die man direkt beim Hersteller (Bezugsquellen auf Seite 124) beziehen kann, oder Sie kaufen sie in großen Gartenfachgeschäften oder auf Basaren.

Es gibt äußerst haltbare Nisthilfen aus Holzbeton, die Sie im Spezialhandel oder bei Versendern (siehe Bezugsquellen) kaufen können. Holzbeton ist ein Produkt aus 75 Prozent Holz mit Lehm oder Ton, das feuchtigkeits- und temperaturausgleichend wirkt. Dies sind die „klassischen" Nistkästen, wie Sie sie auch vom Förster aufgehängt im Wald finden.

Linke Seite: Holzbetonkästen sind unverwüstlich und bekommen mit der Zeit eine schöne Patina – hier bewohnt von Trauerschnäppern.

Nistkästen Marke Eigenbau

Von der einfachen Vollhöhle bis zur Nistampel oder zum maßgefertigten Kasten für Schleiereulen – Nistkästen lassen sich ohne großen Materialaufwand leicht selbst herstellen. Ein wenig Spaß am Heimwerken ist die einzige Voraussetzung.

Baumaterial und Werkzeug

Sie brauchen nur ganz normale Haushaltswerkzeuge für Ihre Nistkästen Marke Eigenbau:
- Hammer
- Zange
- Säge
- Raspel
- Schraubenzieher
- Zollstock
- Anlegewinkel
- Bohrmaschine

Maßgerechte Einfluglöcher werden entweder gebohrt (Großbohrer), mit der Stichsäge gesägt oder erst mit vielen kleinen Löchern kreisförmig vorgebohrt (perforiert) und dann glatt geraspelt.

Für den Bau einer Nisthöhle besorgen Sie sich am besten ungehobelte oder einseitig gehobelte Holzbretter (beispielsweise aus Fichte, Tanne oder Kiefer). Empfehlenswert sind Brettstärken von 20 bis 30 mm, je nachdem, ob es sich um kleine oder große Nistkästen handelt.

Für die Montage und weiteres Zubehör benötigen Sie:
- Holzleim in guter Qualität
- Holzschrauben mit Senkkopf mit einer Länge von etwa der doppelten Brettstärke
- Gestauchte Nägel
- Außerdem Haken, Kleinwinkel, Eisenblech, Ringhaken, Krampen, Bindedraht
- Bitumen- oder Teerpappe für das Dach
- Für den Außenanstrich verwenden Sie am besten ein biologisches Holzschutzmittel

Einfache Vollhöhle

Die auf Seite 60 gezeigte Vollhöhle ist leicht nachzubauen. Sie ist das Grundmodell für alle weiteren Vollhöhlentypen,

die für verschiedene Vogelarten geeignet sind. Welche Vögel welche Vollhöhle als Wohnung bevorzugen, deren Maße und Gestaltung der Vorderfront finden Sie auf den Seiten 61 und 62.

So gehen Sie Schritt für Schritt vor:

- Sägen Sie zuerst die Einzelteile entsprechend der Skizze auf Seite 60 und den Maßangaben in der Übersicht auf Seite 61/62 für die jeweilige Vogelart zu.
- In die Vorderwand sägen oder bohren Sie das Einflugloch (Größe: siehe Übersicht Seite 61/62). Die Kanten können mit Schmirgelpapier geglättet werden.
- Zur Lüftung und als Schutz vor Feuchtigkeit bohren Sie vier Löcher in den Boden mit einem Durchmesser von etwa 5 mm.
- Dann bohren Sie die Löcher für die Schrauben vor und montieren die Einzelteile in der Reihenfolge 1, 2, 3, 6, 4 und 5. Bei Zuschnitt und Montage sollten Sie besonders darauf achten, dass nirgends ein Spalt zwischen den Einzelteilen entsteht.

Damit der Nistkasten zur Reinigung oder Kontrolle geöffnet werden kann, konstruieren Sie einen einfachen Öffnungsmechanismus: Zwei Nägel werden auf genau gleicher Höhe am oberen Teil des Nistkastens durch die Seitenwände in die Seiten der Vorderwand getrieben. Zwei weitere Nägel biegen Sie zu einem Haken (oder Sie verwenden im Handel erhältliche Häkchen) und schlagen sie am unteren Teil des Nistkastens an der Frontseite in die Seitenwände (als Verriegelung). Sie können die Frontseite nun entriegeln, indem

Nistkästen sind kinderleicht selbst zu bauen.

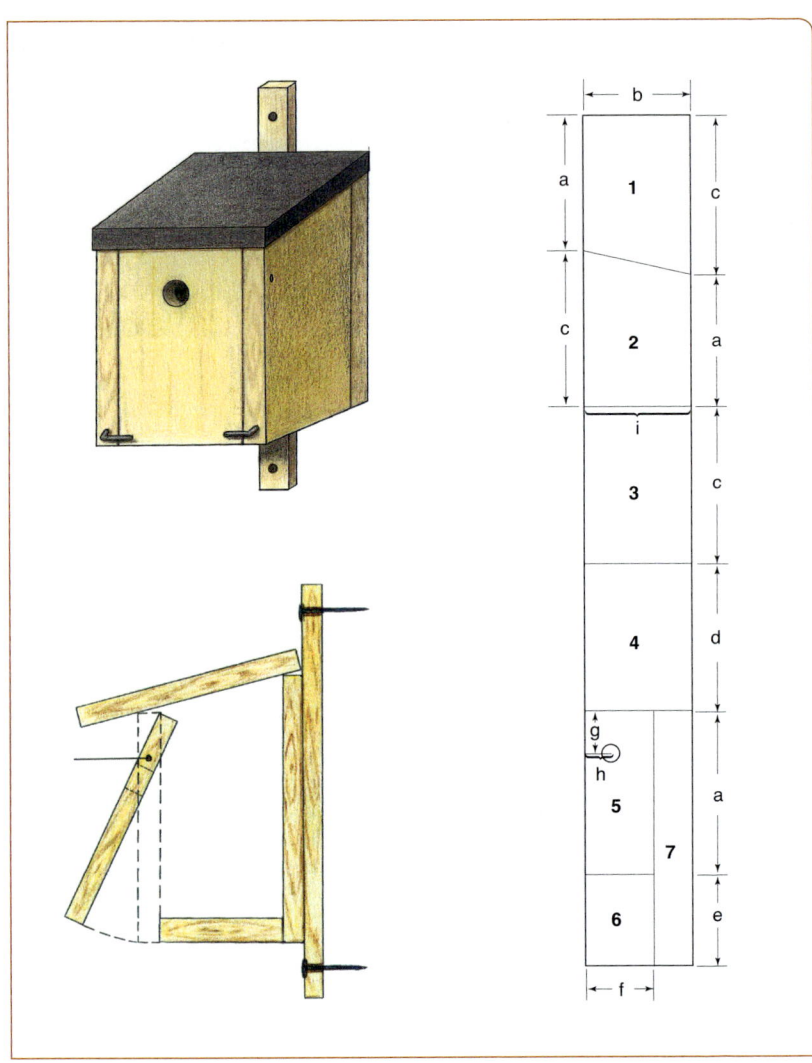

Einfache Vollhöhle zum Selberbauen. Dieses Modell ist die Basis für viele Bauvarianten.
1,2 = Seitenteile, 3 = Rückwand, 4 = Dach, 5 = Vorderwand, 6 = Boden, 7 = Befestigungsbrett,
ND = Nageldurchschlag, NV = Nagelverriegelung. Werte für die Maße a–f sind in den Porträts der
verschiedenen Nistkästen (rechts und Seite 62) angegeben.

Sie die Häkchen seitlich wegdrehen, und von unten aufklappen.

Dann wird die Rückwand des Nistkastens an das Befestigungsbrett geschraubt (Aufhängeorte für verschiedene Vogelarten siehe Seite 64).

Einflugloch

Die Größe des Einfluglochs richtet sich nach der Vogelart, für die der Nistkasten vorgesehen ist. Gängige Durchmesser für Einfluglöcher sind: 26 mm für Blaumeise, Sumpfmeise, Haubenmeise und Tannenmeise; 32 mm für Kohlmeise, Kleiber, Trauerschnäpper, Feld- und Haussperling; 32 bis 50 mm für Stare.

Um Ihren Nistkasten aus Holz vor Nässe zu schützen, ist es empfehlenswert, ihn mit einem biologischen Holzschutzmittel anzustreichen (siehe auch Futterhaus Seite 34). Dabei bleibt der Höhleninnenraum, der eigentliche Brut- und Aufzuchtsraum, immer ohne Anstrich. Das Dach sollte einlagig mit Bitumen- oder Teerpappe beschichtet werden, die mit kurzen Nägeln befestigt wird.

Bauvarianten
Meisen & Co.

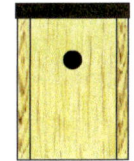

Vogelarten mit Fluglochdurchmesser (rund): Blaumeise, Haubenmeise, Sumpfmeise, Weidenmeise, Tannenmeise, Feldsperling (26–27 cm oben steht 32 mm); Trauerschnäpper, Halsbandschnäpper, Haussperling (30 mm hierfür auch 32 mm); Kohlmeise (32–34 mm), Star (35–50 mm)
Brettstärke: 20 mm
Maße der Einzelteile: a = 230 mm, b = 80 mm, c = 270 mm, d = 250 mm, e = 160 mm, f = 140 mm, g = 60 mm, h = 70 mm, i = 180 mm

Gartenrotschwanz und Kleiber

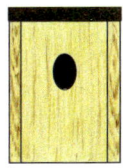

Vogelarten mit Fluglochdurchmesser (senkrecht oval): Gartenrotschwanz, Kleiber (30 × 45 mm)
Brettstärke: 20 mm
Maße der Einzelteile: a = 230 mm, b = 80 mm, c = 270 mm, d = 250 mm, e = 160 mm, f = 140 mm, g = 60 mm, h = 70 mm, i = 180 mm

Waldkauz
Vogelarten mit Fluglochdurchmesser (rund):
Waldkauz (120 mm)
Brettstärke: 25 mm
Maße der Einzelteile: a = 440 mm, b = 270 mm, c = 500 mm,
d = 400 mm, e = 245 mm, f = 240 mm, g = 90 mm,
h = 120 mm, i = 290 mm

Dohle
Vogelarten mit Fluglochdurchmesser (rund):
Dohle (85 mm)
Brettstärke: 25 mm
Maße der Einzelteile: a = 330 mm, b = 520 mm, c = 350 mm,
d = 640 mm, e = 295 mm, f = 250 mm, g = 100 mm,
h = 125 mm, i = 300 mm

Mauersegler
Vogelarten mit Fluglochdurchmesser (quer oval):
Mauersegler (64 × 32 mm)
Brettstärke: 25 mm
Maße der Einzelteile: a = 135 mm, b = 300 mm, c = 135 mm,
d = 340 mm, e = 275 mm, f = 170 mm, g = 50 mm,
h = 85 mm, i = 220 mm

Hausrotschwanz & Co.
Vogelarten für die Halbhöhle: Hausrotschwanz, Rotkehlchen, Zaunkönig, Grauschnäpper, manchmal Trauerschnäpper, manchmal Bachstelze
Brettstärke: 20 mm
Maße der Einzelteile: a = 125 mm, b = 190 mm, c = 150 mm,
d = 220 mm, e = 120 mm, f = 150 mm, g = 45 mm,
h = 190 mm

Bachstelze & Co.
Vogelarten für die Dreiviertelhöhle:
Bachstelze, Hausrotschwanz, Trauerschnäpper
Brettstärke: 20 mm
Maße der Einzelteile: a = 120 mm, b = 140 mm, c = 150 mm,
d = 180 mm, e = 120 mm, f = 160 mm, g = 80 mm,
h = 100 mm, i = 200

Varianten der Vollhöhle

Zahlreiche Vogelarten brüten in weitgehend geschlossenen Nisthöhlen. So eignet sich die Bauanleitung einer Vollhöhle nicht nur für die allgegenwärtigen Meisen, sondern auch für seltenere Gäste, etwa den Gartenrotschwanz. Man verändert lediglich die Maße für die Einzelteile und das Flugloch – und schon können Sie Nisthilfen für ein breites Spektrum von Vogelarten gestalten. Auf den Seiten 61/62 finden Sie sieben Nistkastentypen für viele Vogelgeschmäcker. Die Tabelle auf Seite 64 Aufschluss darüber, wo diese am besten angebracht werden je nach Standortvorliebe der Vogelart.

Kleiber beispielsweise bevorzugen in ihrer Vollhöhle ein senkrecht ovales Flugloch in der Vorderfront. Der Vogel wird dann das Flugloch mit Lehm verengen (Seite 84 und Foto unten). Sogar Mauersegler können Sie ansiedeln, und zwar mit einer Vollhöhle, die sich durch ein quer-ovales Einflugloch in der Vorderfront auszeichnet.

Nicht alle Gartenvögel brüten gern in Höhlen mit kleinem Einflugloch. **Rotkehlchen, Hausrotschwanz** und **Grauschnäpper** kann mit einem halb offenen Nistkasten, einer so genannten Halbhöhle geholfen werden. Sie wird wie eine Vollhöhle gestaltet, nur ist bei der Vorderwand die obere Hälfte offen. Ähnliches gilt für die **Bachstelze**, die ein etwas größeres Einflugloch benötigt, für sie ist die Dreiviertelhöhle ideal. Dabei bleibt die Vorderfront zu einem Viertel offen.

Der junge Kleiber passt gerade so durch den von seinen Eltern mit Lehm verengten Eingang.

Rechte Seite: Die Heckenbraunelle brütet gelegentlich in Nisttaschen.

Die sehr störungsempfindlichen **Garten- und Waldbaumläufer** legen ihre Nistplätze gern hinter abstehender Rinde oder in Baumspalten an. Um diesem Verhalten gerecht zu werden, wird die Einschlupföffnung bei dem Nistkasten für Baumläufer an der Nistkastenrückwand angebracht.

Nisthilfen aufhängen

Nisthilfen lassen sich auf verschiedene Weisen befestigen. Besonders ältere Bäume sind als Standorte geeignet. Bei jungen Bäumen kann es zu Schäden an der Rinde und am Stammholz kommen, wenn der Nistkasten nicht fachgerecht aufgehängt wird. Wird die Nisthilfe am lebenden Holz befestigt, sollten Sie die nicht rostenden Alu-Nägel verwenden. Sie schonen den Baum noch mehr, wenn Sie den Kasten mit einem festen Drahtbügel über einen Ast hängen, mit einem

Welche Nisthilfen wo aufhängen?		
Vogelart	**Nisthilfe**	**Wo aufhängen?**
Blaumeise, Kohlmeise, Haubenmeise (selten), Sumpfmeise, Weidenmeise, Tannenmeise, Feldsperling, Gartenrotschwanz, Trauerschnäpper	Vollhöhle	Sträucher, Bäume
Haussperling, Star	Vollhöhle	Bäume, am Haus
Kleiber, Dohle, Waldkauz	Vollhöhle	Bäume
Zaunkönig, Rotkehlchen	Halbhöhle	Büsche, begrünte Wände (Efeu) am Haus, bodennah (max. 1 m Höhe)
Grauschnäpper	Halbhöhle	Bäume, Büsche, am Haus
Bachstelze	Halb-/ Dreiviertelhöhle	Bäume, braucht freien Anflug
Hausrotschwanz	Halb-/ Dreiviertelhöhle	im Halbdunkel, z. B. begrünte Wände (Efeu, Rosen) am Haus, unter vorspringendem Dach
Mauersegler	Spezial-Vollhöhle	Mind. 6 m über dem Boden, direkt am Haus, braucht freien Anflug
Turmfalke	Spezial-Nistkasten	An der Außenwand hoher Gebäude
Schleiereule	Spezial-Vollhöhle	In Gebäuden, z. B. Kirchtürme, Scheune, Stall, Dachboden, braucht freien Anflug und gute Sicht auf das Flugloch

So viele Lebensräume bieten Ihr Garten und die umgebende Landschaft.
1 = Äste und Zweige,
2 = Baumstamm,
3 = Nadelbäume,
4 = Feldhecken,
5 = Laubmischwald, Parkanlagen,
6 = sumpfiger Lebensraum mit Erlen und Weiden,
7 = unter dem Dach,
8 = offene Landschaft,
9 = Wohngebiet mit künstlichen Gewässern,
10 = begrünte Hauswand,
11 = Stadthäuser,
12 = dichte Hecken, Gebüsch,
13 = alter Dachboden,
14 = Mauernische mit freiem Anflug,
15 = Kirchturm,
16 = Nebengebäude, Scheune.

Nisttasche: Die an den Baum gebundenen Äste werden nach oben gebogen und dann mit Maschendraht so umwickelt, das sich innen eine Höhle bildet.

Nistampel: so aufhängen, dass sie nicht von Katzen erreicht werden kann.

Stück eines alten Fahrradreifens als Unterlage, um Scheuerstellen zu vermeiden. Viele Kästen, besonders für Halbhöhlenbrüter, können direkt an Haus, Schuppen oder Garage unter dem Dachüberstand befestigt werden.

Nisttaschen und Nistampeln

Das Nistplatzangebot können Sie vergrößern, indem Sie Nisttaschen und Nistampeln aus Zweigen an Büschen oder Bäumen anbringen. Vor allem Freibrüter wie **Rotkehlchen, Zaunkönig, Heckenbraunelle** oder **Amsel** nehmen diese Art von Nisthilfe gern an.

Welche Zweige?

Gut geeignete Zweige für den Bau von Nisttaschen sind solche von Ginster, Birke, Kiefer, Douglasie oder Tanne. Weniger geeignet sind Fichtenzweige, sie verlieren ihre Nadeln zu schnell.

So gehen Sie vor: Binden Sie sechs bis acht stark benadelte oder belaubte Zweige von etwa einem Meter Länge mit einem ummantelten Draht am Stamm mindestens in Kopfhöhe fest, Richtung Südosten, nicht auf der Wetterseite. Der Draht sollte die Rinde des Baums nicht beschädigen. Daher muss er nach jeder Brutsaison wieder gelöst werden. Die Spitzen der nach unten hängenden Zweige werden nach oben gebogen. Befestigen Sie diese mit einem weiteren Draht am Stamm oberhalb des ersten Drahtes. Nun können Sie einfach mit der Faust oberhalb der unteren Bindung eine Bruthöhle schaffen.

Als Schutz gegen Katzen oder Marder und zur Stabilisierung sollte die Nisttasche danach mit handelsüblichem Kükendraht ummantelt werden. Die Maschen des Drahts dürfen nicht zu klein sein, damit die Vögel (z. B. Amseln!) einschlüpfen können.

Ähnlich lässt sich die Nistampel herstellen, die wie eine Blumenampel frei hängend an einem Ast angebracht wird. Sie besteht aus gebogenen Zweigen, die mit grobmaschigem Draht zusammengehalten werden. Achten Sie darauf, dass sie nicht zu nahe am Erdboden hängt, ideal ist eine Höhe von 1,80 Meter. Auch sollte der Abstand vom haltenden Ast groß genug sein, damit Katzen sie nicht von oben erreichen können.

Eulen und Greifvögel

Rechte Seite: Ein „eigener" Wald-kauz im Garten – mit einer geeigne-ten Nisthöhle oder einem Kunsthorst können Sie ihn an-locken.

Haben Sie alte Baumbestände auf Ihrem Grundstück? Dann können Sie Nisthilfen für frei brütende oder Höhlen bewohnende Tag- und Nachtgreifvögel anbieten. Grenzt das Refugium an Felder und Wiesen, gelingt es vielleicht sogar, mit einer Nisthilfe auf dem Dachboden oder an der Giebelwand des Wohnhauses die Schleiereule oder den Turmfalken zum Brüten zu animieren.

Eulen

Für den **Waldkauz** können Sie ganz einfach die Maße der einfachen Vollhöhle verändern und einen simplen Nistkasten bauen (Seiten 60 und 62).

Fertige Kunsthorste sind nur bei spezialisierten Unternehmen zu beziehen (Seite 124), weil sie nicht so häufig Verwendung finden wie Meisenkästen. Sie können Kunsthorste aber leicht selbst herstellen. Als Basis brauchen Sie einen Weidenkorb mit einem Durchmesser von 30 bis 40 cm und einer Höhe von 10 bis 15 cm. Der Korb kann dann im Inneren mit Birken- oder Lärchenreisig zu einem nestähnlichen Napf mit einer Mulde für das Gelege ausgelegt werden. Legen Sie den Boden der Mulde mit weichen Naturmaterialien wie trockenen Gräsern oder Rindenmulch aus. Fertig ist der Kunsthorst für **Waldohreule**, **Waldkauz** oder **Turmfalke.**

Dieser Kunsthorst wird dann in der Astgabel eines alten Baumes in großer Höhe (nicht unter acht Meter) mit kräftigem, nicht rostendem Draht fest angebracht. Beachten Sie dabei, dass Falken freien An- und Abflug am Nistplatz brauchen.

Waldohreule

Kleine Wälder mit angrenzenden Feldern und Wiesen sowie Feldgehölzen sind der Lebensraum der Waldohreule. Mit Kunsthorsten mit 40 cm Durchmesser und 10 cm Tiefe kann der nachtaktive Mäusejäger leicht eingewöhnt werden. Wenn Sie in Waldnähe mit angrenzenden Feldern wohnen und einen Garten mit Baumbestand besitzen, sollten Sie es mit einem Kunsthorst zur Ansiedlung der Waldohreule versuchen.

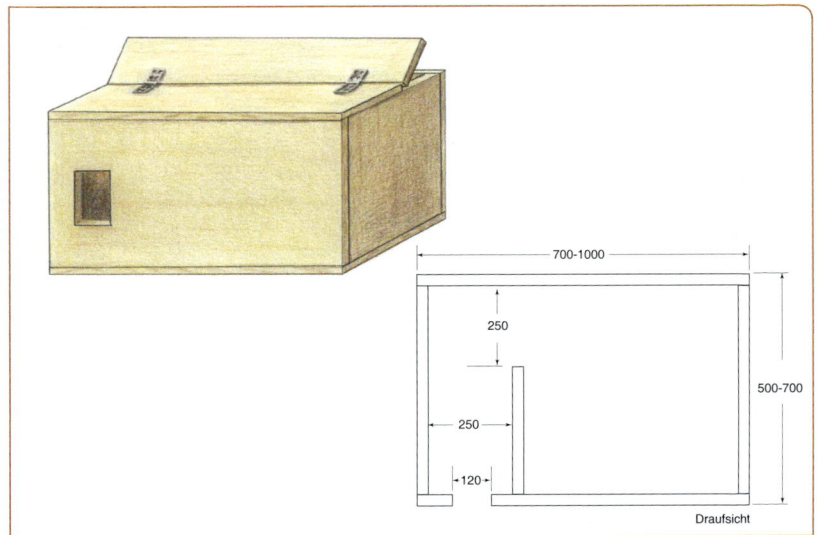

Kasten für Schleiereulen. Brettstärke: 24 mm, Einflugloch: 120 × 180 mm. Alle Maße in mm.

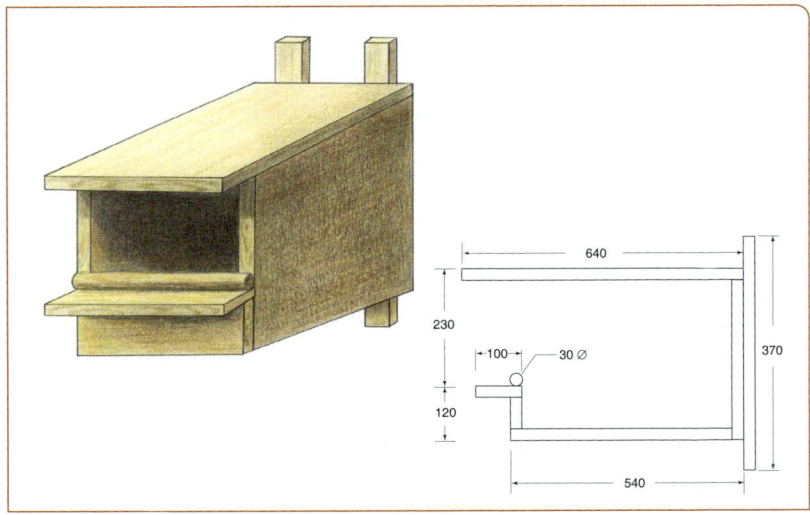

Kasten für Turmfalken. Brettstärke: 24 mm. Alle Maße in mm.

Wenn Sie ein altes Haus mit „Eulenlöchern" haben, das an offene Felder oder Wiesen angrenzt, können Sie einen Kasten für **Schleiereulen** anfertigen und aufhängen, denn dieser Vogel bevorzugt Dachböden und Ruinen. Beim Schleiereulenkasten wird der eigentliche Brutraum, der dunkel sein sollte, durch eine Innentrennwand vom Einflugbereich abgegrenzt. Durch eine von oben zu öffnende Klappe kann der Kasten kontrolliert und gereinigt werden. Im Brutraum wird eine den Boden bedeckende Einstreu aus Sägemehl oder Torf verteilt.

Turmfalken – hier zwei Jungvögel – kann man mit Nistkästen an hohen Gebäuden helfen.

Falken

Der **Turmfalke** bezieht ebenfalls Nistkästen und Kunsthorste, nistet aber auch in Gebäuden, Kirchen und Türmen, unter Dächern und in Mauernischen. Ein geeigneter Nistkasten ist einfach zu bauen, ähnlich der Vollhöhle, es gibt ihn aber auch aus Holzbeton im Spezialhandel (Seite 124). Da Falken kein Nistmaterial eintragen, sollte der Boden mit einer Schicht aus Torf und Sägemehl ausgelegt werden. Der Kasten wird in einer Höhe von mindestens zehn Metern angebracht, etwa an einzelnen Bäumen, Scheunen, höheren Häuserwänden und Mauern oder an Kirchen, wenn Sie hier über Kontakte verfügen.

Gartenvögel zu Gast

Wenn Sie die Vogelarten in Ihrem Garten erkennen, können Sie sich bestens auf deren Vorlieben einstellen. Die folgenden Porträts stellen die wichtigsten Gartenvögel vor. Hier erfahren Sie das Wichtigste über ihre Lebensweise, ihr Familienleben, was für die Ansiedlung im Garten notwendig ist und ihre Bedürfnisse am Futterhäuschen.

Bedeutung der Symbole:

 Bevorzugtes Futter am Futterhaus oder in der Natur

 Bevorzugte Nisthilfe oder Ort für das Nest, falls keine Nisthilfen besiedelt werden

 Vogel ist nur im Sommer, nur im Winter oder ganzjährig bei uns zu beobachten

Aktiv: Gartenvögel beobachten

Sicher wissen Sie recht gut, welche Vogelarten in Ihrem Garten zu finden sind. Aber vielleicht kommt ja durch die Umgestaltung und neue Futterstellen und Nistmöglichkeiten die eine oder andere Art hinzu?

In den Porträts auf den folgenden Seiten finden Sie die wichtigsten und häufigsten Gartenvögel, wo und wie diese brüten und was für Futter sie bevorzugen. So können Sie gezielt bestimmte Vogelarten fördern.

Zählen Sie Ihre Gartenvögel!

Wenn Sie Ihren Garten nach und nach umgestalten und neue oder neuartige Nisthilfen aufhängen, kann es sehr spannend sein, Ihre Vögel wie die Wissenschaftler zu bestimmen und zu zählen. Vielleicht haben Sie im ersten Jahr nur ein Blaumeisenpaar und Amseln in der Hecke, im nächsten dann aber bereits singende Mönchsgrasmücken in der neu angelegten Naturhecke? Sicher werden es jedes Jahr mehr.

Zählbogen selbst gemacht

Am einfachsten erfassen Sie Ihre Gartenvögel mit einem Zählbogen. Hinten im Buch auf Seite 122 ist ein solcher zu finden, Sie können ihn kopieren und einen eigenen Gartenvogelordner anlegen. Schon zweimal im Jahr ausgefüllt, im Mai zur Brutzeit und im Januar zur Winterfütterungszeit, können Sie wunderbar die folgenden Jahre vergleichen.

Stunde der Gartenvögel

Der NABU (Naturschutzbund Deutschland) lädt jährlich zur Aktion „Stunde der Gartenvögel" ein. Dabei wird immer im Mai an drei Tagen (Freitag bis Sonntag) dazu aufgerufen, eine Stunde lang im eigenen Garten die Vogelarten zu erkennen und die dazugehörigen Exemplare zu zählen. Die Ergebnisse können über das Internet, über eine App auf Ihrem Smartphone oder mit einem Meldebogen per Post an den NABU geschickt werden. Jeder kann mitmachen, auch mit Kindern ist eine solche Vogelzählung ein großer Spaß. In Großbritannien gibt es bereits seit 1979 den „Garden Birdwatch", der NABU ist seit 2005 dabei.

Tatsächlich kann so jedermann dazu beitragen, Trends in der Entwicklung der Populationen der Vögel in Dörfern und Städten wahrzunehmen, und dabei punktuelle Einflüsse, wie beispielsweise die Wetterverhältnisse, von langzeitig wirkenden Umwelteinflüssen zu unterscheiden.

Wenn Sie sich an dieser Aktion beteiligen möchten, achten Sie einfach – wie eingangs erwähnt – auf entsprechende Aufrufe in den regionalen Tageszeitungen, im Radio oder im Internet. Interessant und spannend sind die Vogelbeobachtungen allemal. Sie helfen damit den Wissenschaftlern, verlässliche Langzeitdaten über die Vögel in Gärten von Dörfern und Städten zu sammeln. Damit leisten Sie einen aktiven Beitrag zum Vogelschutz.

Mit dem Fernglas ist man den Vögeln näher.

Stunde der Wintervögel

Die gleiche Aktion führt der NABU seit Januar 2011 auch im Winter durch mit der „Stunde der Wintervögel". Diese Aktion findet Anfang Januar statt. Da es im Winter viele Besucher aus nordischen Ländern im Garten geben kann, bietet die Erfassung in dieser Zeit des Jahres noch einmal ganz neue, spannende Aspekte.

 Weichfutter, Mehlwürmer

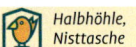 Halbhöhle, Nisttasche

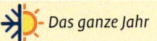 Das ganze Jahr

Zaunkönig

Info: Der braun gefärbte Zaunkönig ist neben den beiden bei uns vorkommenden Goldhähnchenarten unser kleinster Singvogel. Trotz seiner Winzigkeit und seines Gewichts von nur 8 g ist der im dichten Gestrüpp umherhuschende Zaunkönig nicht zu überhören. Sein schmetternder Gesang ist unglaublich durchdringend für so einen kleinen Vogel. Damit wirbt das Männchen bereits im zeitigen Frühjahr um die Gunst eines Weibchens. Für sie baut er sogar sogenannte Spielnester, die allerdings hinsichtlich der Bausubstanz nicht so stabil wie die eigentlichen Brutnester sind.

Familienleben: Wird sich das Paar einig, beginnt das Männchen mit dem Bau des großen kugelförmigen Nests, das aus feinem Reisig, trockenem Laub, Gräsern, Wurzelfasern, Moosen und Flechten errichtet wird. Dabei erhält die Brutkugel einen seitlichen Eingang. Gern baut der Zaunkönig sein Nest in künstlichen Halbhöhlen und Nisttaschen, aber auch in dichtem Efeugerank. Im April werden sechs bis sieben Eier gelegt. Nach zwei Wochen schlüpfen die winzigen Jungen, die von den Eltern mit Insekten und deren Larven gefüttert werden. Die Jungvögel wachsen schnell heran und verlassen fast flügge im Alter von 14 bis 16 Tagen die Brutkugel. Munter turnt dann die ganze Vogelschar in der Nähe des Nestes im Unterholz umher. Zwei Wochen später sind die Jungvögel selbstständig und trennen sich von den Altvögeln, die bereits Vorbereitungen für die zweite Brut treffen.

Am Futterhaus: In der kalten Jahreszeit ist der Zaunkönig regelmäßiger Gast an Futterstellen. Besonders schnell lässt er sich eingewöhnen, wenn Weichfutter oder Mehlwürmer angeboten werden.

 Fettfutter, Weichfutter

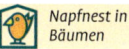 Napfnest in Bäumen

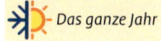 Das ganze Jahr

Wintergoldhähnchen

Info: Diese Winzlinge sind unsere kleinsten Singvögel. Sie sind gar nicht so leicht zu entdecken, aber machen durch ihre extrem hohen, feinen, zirpenden Rufe auf sich aufmerksam. Mit ihrem gelben Scheitelstreif sind sie unverkennbar, nur das Sommergoldhähnchen (siehe Kasten) hat einen ebensolchen, der jedoch mehr ins Orange geht. Goldhähnchen bauen ihr Nest in Astgabeln – in großen Gärten mit Nadelholzbestand können sie also durchaus heimisch werden.

Familienleben: Das Napfnest ist ein kunstvolles Geflecht aus Moos, Flechten und aus Seidenfäden von Insekten- und Spinnengespinsten, außerdem wird es noch mit Federn und Haaren ausgepolstert. Nach seinem Bau beginnt das Weibchen Ende April mit der Eiablage, bis zu elf Eier legen die kleinen Vögel! Wie bei den Meisen brütet nur das Weibchen, wenn die Jungen dann nach gut zwei Wochen geschlüpft sind, suchen beide Eltern emsig nach Nahrung. Goldhähnchen brüten bis zu zweimal im Jahr.

Am Futterhaus: Mit Fett- und Weichfutter kann man den kleinen Vögeln etwas Gutes tun. Ein Trick: Etwas von der Fettfuttermasse in Rindenspalten streichen, das wird gerne angenommen. Sie nehmen auch heruntergefallene Talgteilchen von Ästen unterhalb der Meisenknödel auf.

Sommergoldhähnchen

Dem Wintergoldhähnchen sehr ähnlich ist es, aber es hat einen schwarzen Streif, der durch das Auge verläuft, und darüber einen weißen Streif. Das Sommergoldhähnchen zieht im Winter meist fort ans Mittelmeer. Für die Fütterung gilt das gleiche wie für das Wintergoldhähnchen. Auch das Familienleben ist ähnlich.

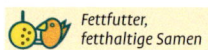 Fettfutter, fetthaltige Samen

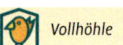 Vollhöhle

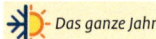 Das ganze Jahr

Blaumeise

Info: Blaumeisen gibt es in fast jedem Garten. Sie klettern immer aktiv und äußerst gewandt im Geäst umher. Meisen sind die „Insektenfresser vom Dienst", denn sie leben während der Sommermonate vorwiegend von Insekten. Sie verzehren aber auch verschiedene Spinnenarten. Blaumeisen bleiben das ganze Jahr über bei uns.
Familienleben: Im April wird in einer Bruthöhle das aus Moosen, Schafwolle, Tierhaaren und Federn bestehende Nest gebaut. Hier legt das Weibchen acht bis 14 Eier ab. Die nach etwa zweiwöchiger Brutzeit schlüpfenden Jungvögel werden von den Eltern eifrig mit kleinen Insekten gefüttert. Nach etwa zwei Wochen sind die Jungvögel flügge. Sie werden dann noch weitere zwei Wochen von den Eltern gefüttert. Danach trennen sich Eltern und Kinder. Die „Großen" rüsten sich für die zweite Brut.
Am Futterhaus: Blaumeisen sind hier häufig zu beobachten. Da sie sich schnell an die Nähe des Menschen gewöhnen, besuchen sie ohne Scheu auch Meisenknödel, die direkt vor dem Wohnzimmerfenster hängen. Sie machen sich gern über Fettfuttergemische wie Meisenknödel und Fettstangen her. Daneben nehmen sie sehr gern Sonnenblumenkerne, Hanfkörner und Nusskerne auf. Wenn Sie getrocknete Beeren haben, können Sie diese ebenfalls unter das Fettfutter mischen; sie sind eine willkommene Abwechslung für die kleinen Vögel.

Schwanzmeisen

An Meisenknödeln erscheinen gelegentlich Schwanzmeisen (Foto Seite 23). Sie sind in der Regel durchziehende Gäste aus dem nördlichen Skandinavien und Sibirien, obwohl sie auch als Brutvögel bei uns heimisch sind.

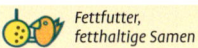 Fettfutter, fetthaltige Samen

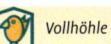 Vollhöhle

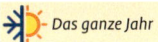 Das ganze Jahr

Kohlmeise

Info: Die Kohlmeise ist unsere häufigste Meisenart, wenn auch in vielen Gärten die Blaumeisen zu dominieren scheinen. Sie ist etwas größer und kräftiger als die Blaumeise und ebenso in der warmen Jahreshälfte ein vorwiegender Insekten- und Spinnenfresser. Die Männchen unterscheiden sich von den Weibchen durch ihren viel kräftigeren schwarzen senkrechten Strich auf dem Bauch. Kohlmeisen ziehen nicht weg, sondern bleiben auch im Winter bei uns.

Familienleben: Die Höhlenbrüter bauen im April im Nistkasten oder in einer alten Spechthöhle, aber auch in alten Briefkästen und ähnlichen provisorischen Behausungen ihr Nest, ähnlich wie die Blaumeise. Die Regel sind acht bis zwölf Eier, die etwa 14 Tage vom Weibchen bebrütet werden, ehe die Jungen schlüpfen – das Männchen übernimmt in dieser Zeit die Futterversorgung seiner Frau. Dann müssen beide Eltern alles geben, um die hungrige Schar zu versorgen. Die Kinder verlassen mit knapp drei Wochen das Nest, werden aber noch weiter versorgt.

Am Futterhaus: Kohlmeisen sind zutrauliche und erfinderische Besucher menschlicher Gärten. In Großbritannien öffnen sie sogar mit ihrem Schnabel den Alufoliendeckel der Milchflaschen und naschen den Rahm. Am Futterhaus lieben sie das ganze Jahr über Fettfutter, also Meisenknödel & Co. sowie Erd- und andere Nüsse, Sonnenblumenkerne und Hanfsamen. Am Futterhäuschen vertreibt oft die kräftigere Kohlmeise ihre weniger dominanten Verwandten. Legen Sie daher mehrere kleine Futterplätze an, damit auch die anderen Meisenarten zu ihrem Recht kommen.

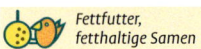 Fettfutter, fetthaltige Samen

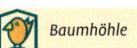 Baumhöhle

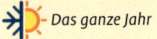 Das ganze Jahr

Haubenmeise

Info: Die Haubenmeisen mit ihrem hübschen schwarz-weißen, grau wirkenden Federhäubchen sind weniger häufig im Garten zu sehen als Blau- und Kohlmeise. Sie sind vor allem Waldbewohner und besuchen gerne Gärten in Waldnähe. Die Haubenmeise kann sich auch dauerhaft für alte Parks oder Gärten als Wohnsitz entscheiden, wenn diese Ersatzlebensräume Nadelbäume enthalten. Sie bevorzugt im Sommer Insekten und Spinnen als Nahrung, im Winter holt sie geschickt die Samen aus Nadelbaumzapfen heraus. Sie lebt ganzjährig bei uns.

Familienleben: Haubenmeisen brüten in Baumhöhlen, die sie wie Spechte selbst zimmern können! Nistkästen besiedeln sie nur gelegentlich. Wie bei Kohl- und Blaumeise ist auch bei ihnen das Weibchen für das Bebrüten der Eier zuständig. Im April beginnen sie mit dem Brutgeschäft und das Weibchen legt fünf bis neun Eier, die

knappe drei Wochen bebrütet werden – in dieser Zeit füttert das Männchen das Weibchen auf dem Nest. Wenn dann beide richtig geschäftig werden und stetig Insekten heranbringen, ist das ein sicheres Zeichen, dass die Jungen geschlüpft sind. Die Haubenmeise brütet im Gegensatz zu den anderen Meisenarten im Normalfall nur einmal.

Am Futterhaus: Haubenmeisen nehmen im Winter gern Fettfutter in Form von Meisenknödeln und Futterglocken an. Nüsse, beispielsweise Erdnüsse, sind ebenfalls beliebt, Haubenmeisen mögen auch Sonnenblumenkerne und andere fetthaltige Samen. Man sieht sie vor allem in schneereichen Wintern an Futterhäusern in Gärten, die in der Nähe von Wäldern liegen.

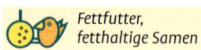 *Fettfutter, fetthaltige Samen*

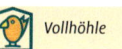 *Vollhöhle*

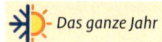 *Das ganze Jahr*

Tannenmeise

Info: Die Tannenmeise ist von der Kohlmeise gut an ihrem weißen Nackenfleck und ihrer „bräunlicheren" Färbung zu unterscheiden. Sie ist außerdem wesentlich kleiner als die Kohlmeise, sogar kleiner als die Blaumeise. Die Tannenmeise ist ebenso wie die Haubenmeise vor allem ein Waldbewohner, der im Sommer fleißig Insekten und Spinnen jagt, im Winter dann auf die fettreichen Nadelbaumsamen und andere kleine Sämereien umsteigt, da ja in dieser Jahreszeit keine Insekten zu finden sind.

Familienleben: Im Wald sucht die Tannenmeise Baumhöhlen, sie nimmt aber auch gerne Nistkästen an. Die Tannenmeise brütet meist zweimal hintereinander, sie beginnt mit der ersten Brut Ende März. Bis zu zehn Eier legt das Weibchen, das wie bei den Meisen üblich auch allein für das Brüten zuständig ist, dabei aber vom Männchen mit Futter versorgt wird. Wenn die Jungen geschlüpft sind, werden sie von Mutter und Vater vor allem mit kleinen Raupen gefüttert.

Am Futterhaus: Wie die anderen Meisen mag die Tannenmeise gern fetthaltige Samen wie Sonnenblumenkerne und Hanfsaat, Erdnüsse und Fettfutter wie Meisenknödel und Meisenglocken.

Sumpf- und Weidenmeise

Diese beiden Meisenarten mit ihren samtig-schwarzen Hauben sind nur schwer zu unterscheiden; die Weidenmeise hat einen etwas „ausgefransteren" schwarzen Kinnlatz. Beide kommen gelegentlich an unsere Futterstellen und freuen sich dort über Hanfsamen und andere kleine Sämereien, gehen aber auch an Meisenknödel.

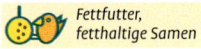 Fettfutter, fetthaltige Samen

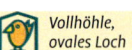 Vollhöhle, ovales Loch

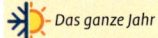 Das ganze Jahr

Kleiber

Info: Kleiber erinnern an kleine Spechte, haben kräftige Schnäbel und große Füße. Damit klettern sie an Bäumen auf- und abwärts, ohne den Schwanz als Stütze zu gebrauchen. Sie nisten vorzugsweise in Baumhöhlen, Baumspalten und Nistkästen. Ist dem Vogel das Einflugloch zu groß, verkleinert er dieses mit einem Holz- bzw. Lehmgemisch, das er mit Speichel anfeuchtet, bis er gerade noch durchpasst. Daher sein Name Kleiber (Kleber). Seine Nahrung besteht im Sommer hauptsächlich aus Insekten, dazu gehören auch deren Eier, Larven und Puppen. Im Herbst verzehrt er auch Nüsse, Bucheckern, Beeren und kleinere Früchte. Kleiber bleiben auch im Winter bei uns.

Familienleben: Die Nisthöhle wird im März/April mit feinen, federleichten Schuppen von der Rinde von Kiefernästen ausgelegt. Es muss Kiefer sein! Dafür fliegen die Vögel mehrere hundert Meter, um an dieses Polstermaterial zu gelangen, und schaffen es in unglaublich vielen Einzelflügen herbei. Auf diese weiche Unterlage werden sechs bis acht Eier gelegt. Nach einer Brutzeit von 15 bis 18 Tagen schlüpfen die Jungvögel, die danach von beiden Eltern fast einen Monat lang mit Futter versorgt werden. Sind die Jungvögel flügge, verlassen sie die Bruthöhle und streifen gemeinsam mit den Eltern als Familie weit umher.

Am Futterhaus: Der Kleiber ist ein häufiger Gast am Futterhaus. Hier sammelt er eifrig schalenfreie Hasel- und Erdnüsse, Bucheckern und Sonnenblumenkerne mit dem Schnabel ein, um sie anschließend irgendwo in Baumritzen oder Spalten für den späteren Bedarf zu verstecken. Sehr gern nimmt er auch Meisenknödel, getrocknete oder gefrorene Beeren und Früchte an.

 Fettfutter

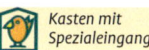 Kasten mit Spezialeingang

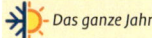 Das ganze Jahr

Gartenbaumläufer

Info: Gartenbaumläufer brüten im Garten, wenn eine Baumhöhle, Baumspalte oder Rindennische, oder ein spezieller Nistkasten vorhanden ist. Mit langen Fußkrallen ausgestattet und mit seinem Schwanz als Stütze schiebt sich der Baumläufer bei der Nahrungssuche ruckartig wie eine kleine Maus an der Baumrinde hoch, um mit seinem langen, gebogenen Schnabel Insekten und Spinnen aus der Rinde zu picken. Er nimmt auch kleine Sämereien und Beeren auf.
Familienleben: Das Weibchen wird vom Männchen emsig umworben und mit kleinen Futtergeschenken verwöhnt. Ist vom Baumläuferpärchen eine Bruthöhle ausgemacht, wird diese mit trockenem Reisig, Blättern, Moosen und Flechten ausgepolstert. In der Mulde legt das Weibchen fünf bis sieben Eier. Bis die winzigen Küken schlüpfen, werden sie 13 bis 15 Tage lang bebrütet. Die Pflege der Kleinen nimmt die Eltern für

weitere 14 bis 16 Tage voll in Anspruch, denn die Jungvögel müssen permanent mit nahrhaften Insekten versorgt werden. Nach dem Ausfliegen streift die ganze Familie gemeinsam weit umher.
Am Futterhaus: Baumläufer machen sich vorzugsweise an Fettfuttergemischen zu schaffen. Weil sie an Baumstämmen auf Nahrungssuche sind, streicht man Fettfutter in Rindenspalten. Baumläufer verzehren gern ölhaltige Saaten wie Raps-, Mohn- und Leinsamen. Sie nehmen aber auch fein geschrotete Beeren an.

Waldbaumläufer

Nur sehr schwer vom Gartenbaumläufer zu unterscheiden ist der Waldbaumläufer mit seinem etwas kürzeren Schnabel. Er lebt in Nadelwäldern und eher in bergigen Regionen. Fettfutter mag er ebenso wie sein Verwandter.

 Weichfutter
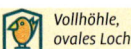 Vollhöhle, ovales Loch
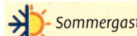 Sommergast

Gartenrotschwanz

Info: Der Gartenrotschwanz ist seltener zu sehen als sein Vetter, der Hausrotschwanz. Mit der weißen Stirn, den schwarzen Wangen, der rostfarbenen Brust und dem ebenso gefärbten Bürzel und Schwanz sehen die Männchen (Foto) beeindruckend aus. Dagegen ist das Weibchen (Foto Seite 8) einfarbig graubraun mit rötlicher Tönung, nur der rostrote Schwanz verrät den eigentlichen Rotschwanz – es ähnelt dem Weibchen des Hausrotschwanzes. Gartenrotschwänze kann man gut im Garten ansiedeln, sie bevorzugen Vollhöhlen aus Holz oder Holzbeton mit einem größeren Einschlupfloch zwischen 30 und 35 mm, gern mit ovalem Eingang – die Vögel mögen es etwas heller in ihrer Wohnung. Erst im April kommen die Zugvögel aus Afrika zurück und freuen sich dann über neu aufgehängte, noch nicht von Meisen besiedelte Nistkästen.

Familienleben: Anfang Mai beginnt das Weibchen mit dem Nestbau in einer Halb- oder Vollhöhle, einer Nische im Holzstapel oder einem Mauerloch. Trockene Pflanzenstängel, Blätter und feine Wurzelfasern, Tierhaare, Wolle und Federn bilden die Baugrundlage. In der weichen Nestmulde legt das Weibchen schließlich fünf bis sieben Eier ab und brütet sie in zwei Wochen aus. Die Jungvögel werden von beiden Eltern mit Insekten gefüttert. Nach zwei Wochen fliegen die dunkelbraun gefiederten Jungvögel endgültig aus und werden noch eine Weile weiter mit Insekten versorgt. Zwei Wochen später baut das Weibchen am Nest für die zweite Brut, die bei günstigen Voraussetzungen im August flügge und selbstständig wird.

Am Futterhaus: Im Sommer kommen Gartenrotschwänze gelegentlich ans Futterhaus und fressen dort Weichfutter, vor allem, wenn es bei Dauerregen weniger Insekten gibt.

 Weichfutter   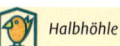 Halbhöhle    Sommergast

Hausrotschwanz

Info: Als ehemaliger Felsenbewohner in Ge-
birgsschluchten hat sich der Hausrotschwanz
zunehmend dem Menschen angeschlossen und
seine „felsenähnlichen" Gebäude als Nistplatz
akzeptiert. Nistete er früher in steilen Felswän-
den, findet man ihn heute im Dorf und in der
Stadt, wo er als Nischen- und Halbhöhlenbrüter
unter vorspringenden Dächern von Häusern,
Scheunen, Ställen und Gartenlauben sein Nest
einrichtet. Selbst mitten in der Großstadt zwischen Neonreklamen und an Werbetafeln unter
Dachgesimsen ist der lebhafte kleine Vogel zu
finden. Immer mehr Hausrotschwänze überwintern bei uns oder kommen immer früher aus
ihren Winterquartieren zurück. Das Männchen
(Foto) ist schwarz-grau, das Weibchen (Foto
Seite 51) braungrau, beide mit rotem Schwanz.
Familienleben: Anfang Mai baut das Weibchen
das Nest aus trockenen Gräsern und Blättern,
Wurzelfasern und Moos. Die Nestmulde ist
mit Federn und Tierhaaren warm und weich
ausgepolstert. Nach etwa 14-tägiger Brutdauer
schlüpfen die Jungvögel, die in den ersten Le-
benstagen vom Weibchen sorgsam gewärmt
werden. Während dieser Phase füttert das
Männchen das Weibchen und die Jungvögel
mit vielen Insekten, Spinnen und Raupen. Nach
einer Woche versorgen beide Eltern die Kleinen.
Schon nach knapp zwei Wochen verlassen die
Jungen das Nest, bleiben aber noch einige Zeit
in der Nähe des Brutplatzes und werden dort
gefüttert. Meist brütet dann das Weibchen ein
zweites Mal.
Am Futterhaus: Der Hausrotschwanz ist ein
Insektenfresser und mag deswegen Weichfutter,
das ihm besonders nützt, wenn es ein ungemüt-
liches, kaltes Frühjahr gibt.

 Beeren, kleine Samen

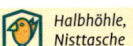 Halbhöhle, Nisttasche

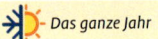 Das ganze Jahr

Rotkehlchen

Info: Das Rotkehlchen ist im Sommer viel häufiger bei uns zu sehen als im Winter, weil ein Teil der Tiere dann in den Süden zieht. Der kleine Sympathieträger mit seiner roten Brust hält sich gerne in Bodennähe im Gebüsch auf. Rotkehlchen sind auch im Garten heimisch, wo sie sich von Insekten und Spinnen sowie von allerlei Wildkrautsämereien, ab Herbst dann auch von verschiedenen Beeren, ernähren.

Familienleben: Erst im Mai, wenn auch die Bodenvegetation grün wird, baut das Weibchen das Nest, oft nah am Boden, versteckt zwischen Wurzeln oder Gestrüpp. Eine „gestrüppige" Ecke im Garten kommt den Vögeln also sehr zugute. Bis zu sechs Eier legt das Weibchen, die nach zwei Wochen schlüpfenden Jungen werden hauptsächlich mit Insekten gefüttert. Mit einem braunen und hell gesprenkeltem Gefieder versehen, verlassen die Jungvögel nach zwei Wochen

die Niststätte, um weitere 14 Tage von den Eltern gefüttert zu werden.

Am Futterhaus: Hier sind die Rotkehlchen oft zu beobachten. Dann ernähren sie sich von feinen Sämereien, geschroteten Trockenbeeren und Früchten sowie von Fettfutter wie Meisenknödel, besonders auch von heruntergefallenem Talg. Rotkehlchen profitieren sehr von heimischen Wildbeerensträuchern im Garten.

Pfaffenhütchen

Pflanzen Sie einen Pfaffenhütchen-Strauch in Ihren Garten, denn Rotkehlchen lieben die auffälligen, orange-rosa Beeren sehr. Aber Achtung: Sie sind extrem giftig! Wenn Sie kleine Kinder haben, sollten Sie auf diesen Strauch zunächst verzichten.

 Weichfutter, Fettfutter

 Nest in Büschen

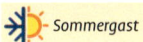 Sommergast

Mönchsgrasmücke

Info: Mönchsgrasmücken-Männchen sind begabte Sänger und tragen gerne und ausdauernd ihre schöne Melodie aus dem Gebüsch vor.
Die Männchen (Foto) haben eine schwarze, die Weibchen (Foto Seite 17) eine braune Kappe. Sie schlüpfen emsig im Gebüsch umher und suchen dort nach Insekten und Spinnen. Mönchsgrasmücken ziehen im Winter in den Süden und kehren im März zurück.

Familienleben: Wenn Sie schöne, dichte Gebüschbereiche, zum Beispiel ein Holundergebüsch, im Garten haben, können sich dort Mönchsgrasmücken niederlassen: Sie bauen ihr Nest relativ weit unten in Büsche, denn dort ist es gut vor Regen geschützt. Männchen und Weibchen wechseln sich nach der Eiablage Ende April mit dem Brüten ab. Die Jungen bleiben dann etwa zwei Wochen im Nest. Mönchsgrasmücken brüten meist nur einmal im Jahr.

Am Futterhaus: Mönchsgrasmücken sind Weichfresser, die Insekten und Beeren mögen. Sie mögen also Futter für Weichfresser und auch Fettfutter. Da sie gerne im Gebüsch verborgen bleiben, können Sie für Mönchsgrasmücken gut erreichbares Fettfutter im Gebüsch aufhängen, das gerne angenommen wird.

Gartengrasmücke

Die unscheinbare Gartengrasmücke, die fast durchgehend grau gefärbt ist, bekommt man kaum zu Gesicht, weil sie sich noch mehr im Gebüsch verbirgt als Ihre Vetterin. Sie fällt aber ebenso durch ihren schönen Gesang auf. Gelegentlich sieht man sie im Sommer an gut versteckten Futterplätzen mit Weich- oder Fettfutter.

 Insekten

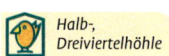 Halb-, Dreiviertelhöhle

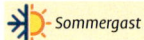 Sommergast

Grauschnäpper

Info: Grauschnäpper sind zwar unauffällig gefärbt, haben aber ein interessantes Verhalten beim Insektenfang: Sie sitzen auf einer Warte und starten von dort kurze Fangflüge, wobei man das Zuschnappen des Schnabels gelegentlich sogar hören kann. Dabei zeigen die grauen Vögel ihr flugtechnisches Können: Häufig wird ein Insekt, etwa ein Falter oder eine Mücke, über eine Distanz von mehreren Metern im Flug verfolgt, bis der kleine Vogel zuschnappt. Der Grauschnäpper lässt sich mit einfachen Halbhöhlen im Garten ansiedeln. Allerdings sollte die Nistgelegenheit rechtzeitig vor der Rückkehr der Grauschnäpper aus ihrem Winterquartier Ende April bis Anfang Mai bereithängen.

Familienleben: Schon bald nach der Rückkehr aus Afrika beginnt das Weibchen mit dem Nestbau. Ende Mai ist das aus vier bis fünf Eiern bestehende Gelege vollständig, das Weibchen brü-

tet dann in etwa zwei Wochen die Eier aus. Nach dem Schlupf der Jungvögel füttern beide Eltern verschiedene Insekten, die sie meist von einer Sitzwarte aus in kurzen Flügen erbeuten. Die ebenfalls grau gefiederten Jungvögel verlassen das Nest nach etwa zwei Wochen, sie werden dann noch eine Zeitlang von ihren Eltern betreut. Weil die Grauschnäpper keine zweite Brut aufziehen, verlassen Jung- und Altvögel schon im August oder September ihr Brutrevier, um zur Überwinterung nach Südafrika zu ziehen.

Am Futterhaus: Hier werden sie die kleinen Insektenfänger nicht finden. Wenn Ihr Garten aber viele heimische Blumen und Gehölze enthält und damit auch viele Insekten, bieten Sie dem Grauschnäpper einen wertvollen Lebensraum.

 Insekten   Vollhöhle 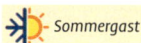 Sommergast

Trauerschnäpper

Info: Viel kontrastreicher als der Grauschnäpper zeigt sich der Trauerschnäpper. Besonders auffällig ist das Männchen (Foto). Die Weibchen besitzen eine graubraune Körperoberseite mit einem helleren Bauch. Anfang Mai kehrt er aus Südafrika zurück und sucht nach Nistgelegenheiten an Waldrändern, in Parks sowie in Obst- und Hausgärten. Der Höhlenbrüter kehrt spät aus dem Winterquartier zurück, wenn schon viele Nistkästen besetzt sind. Gern werden Vollhöhlen angenommen. Hängen Sie die Kästen einfach später auf, wenn sich die Meisen bereits für einen Nistplatz entschieden haben.

Familienleben: Das Weibchen ist nicht gerade wählerisch bei der Art der Nisthöhle, auch Halbhöhlen werden angenommen. Hier werden im Mai fünf bis sieben Eier gelegt, die das Weibchen 14 bis 16 Tage bebrütet. Die Jungvögel werden von den Eltern mit Insekten gefüttert, die nach Schnäpperart erbeutet werden – also von einer Sitzwarte aus, von der dann kurze Beuteflüge unternommen werden. Die Jungvögel leben bis zum Abflug in die Überwinterungsgebiete mit ihren Eltern im Familienverband.

Am Futterhaus: Wie beim Grauschnäpper ist auch diese Vogelart auf lebende Insekten angewiesen, die Sie durch einen naturnahen Garten mit heimischen Gehölzen „auftischen" können.

Halsbandschnäpper

Der Halsbandschnäpper sieht dem Trauerschnäpper sehr ähnlich, das Männchen hat jedoch ein weißes Nackenband. Die Weibchen beider Arten lassen sich nur sehr schwer unterscheiden. Hinsichtlich der Brutpflege und der Aufzucht der Jungvögel ähneln sich beide Arten. Es gibt sogar gemischte Paare.

 Körner

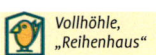 Vollhöhle, „Reihenhaus"

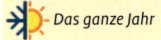 Das ganze Jahr

Haussperling

Info: Wenige Vogelarten haben sich dem Menschen so angeschlossen wie der Haussperling, auch Hausspatz genannt. Er kann webervogelähnliche Kugelnester frei in Büsche bauen, was in Südeuropa häufig der Fall ist. Bei uns bauen Haussperlinge ihre Nester – oft ein wirres Durcheinander von Stroh, Heuhalmen, Federn, Papierfetzen und Wurzelfasern – in allen erdenklichen Schlupfwinkeln am Haus, unter dem Dach, in Baumhöhlen, in Nistkästen und alten Schwalbennestern oder im Unterbau von Greifvogel- und Storchennestern. Dabei sind die tschilpenden Kulturfolger stets gesellig, weshalb Nistkästen für Haussperlinge dicht beieinander hängen oder auch in Form eines „Reihenhauses" gestaltet werden können. Der Haussperling geht im Bestand zurück, was vermutlich an der heute praktizierten Landwirtschaft mit Pestiziden und sterilen Großbetrieben liegt. Er bleibt seinem Le-

bensraum im Winter treu. Das Männchen (Foto) ist am braun-grau-schwarzen Muster am Kopf gut zu erkennen, das Weibchen (Foto Seite 19) ist einheitlicher grau-braun gefärbt.

Familienleben: Bereits im April legt das Weibchen vier bis sechs Eier. Schlüpfen die Jungvögel nach 14 Tagen, verfüttern die sonst auf allerlei Getreide- und Wildkrautsämereien spezialisierten Spatzeneltern ausschließlich Insekten und deren Eier und Puppen an die winzigen Küken. Nach guten zwei Wochen verlassen die Jungvögel das Nest, um mit den Altvögeln weitere zwei bis drei Wochen umherzuziehen. Danach brüten die Eltern erneut, eventuell sogar ein drittes Mal.

Am Futterhaus: Mit seinem kräftigen Schnabel ist der Haussperling ein typischer Körnerfresser, der gerne in Gesellschaft von seinesgleichen ins offene Futterhaus geht und dort Getreidekörner und andere größere Samen aufnimmt.

 *Kleine Körner* 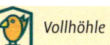 *Vollhöhle* 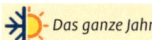 *Das ganze Jahr*

Feldsperling

Info: Der Feldsperling unterscheidet sich deutlich vom Haussperling durch seine durchgehend braune Kappe und seine schwarzen Wangenflecken. Männchen und Weibchen sind gleich gefärbt. Die Bindung an Menschen ist weniger eng als beim Haussperling, der Feldsperling ist ein typischer „Dorfvogel", der in Dörfern und Feldhecken, auf Obstwiesen und in ländlichen Gärten zu finden ist. Auch der Feldsperling ist durch die moderne Landwirtschaft im Bestand zurückgegangen. Die meisten Feldsperlinge bleiben auch im Winter bei uns. Feldsperlinge sind Höhlenbrüter, daher nehmen sie gerne Nistkästen an. Manche Paare bleiben mehrere Jahre zusammen, andere wechseln häufiger. Einmal bezogene Nistplätze werden von demselben Weibchen immer wieder genutzt.

Familienleben: Ende April beginnt das Weibchen mit der Ablage von vier bis sechs Eiern, danach brüten Mutter und Vater abwechselnd knappe zwei Wochen lang. Die Jungvögel werden weitere zwei Wochen im Nest mit Insekten und Spinnen gefüttert und danach noch eine Zeitlang weiter von ihren Eltern betreut, bevor mit der zweiten Brut begonnen wird.

Am Futterhaus: Der Feldsperling ist etwas kleiner als sein Verwandter und hat einen feineren Schnabel. Er bevorzugt kleinere Körner und Wildkrautsämereien und mag auch Meisenknödel. Am Futterhaus zeigen Feldsperlinge wie auch Haussperlinge ihr ausgesprochenes Sozialverhalten, es gibt bei den Vögeln untereinander kaum Aggressionen oder Kämpfe um die besten Körner wie beispielsweise bei den Kohl- und Blaumeisen.

 Weichfutter, Fettfutter

 Nest in Büschen

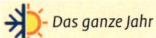 Das ganze Jahr

Heckenbraunelle

Info: Die unauffällig gefärbte Heckenbraunelle wird im dichten Buschwerk oft übersehen. In erster Linie verrät der zwitschernde Gesang mit seinem silberhellen Klang den wie eine Maus im Geäst umherhuschenden Insektenjäger. Nur während der Balz ist häufig das Männchen zu beobachten, wenn es im Flug oder von einer höheren Warte aus seinen Gesang vorträgt. Die Heckenbraunelle bevorzugt Waldränder mit dichtem Unterholz, Gärten mit dichten Büschen oder Hecken sowie Parkanlagen. Die Vögel weichen nur bei extremen Wintertemperaturen nach Süden aus.

Familienleben: Im Mai baut das Weibchen ein napfförmiges Nest im Gebüsch, das aus vielen Halmen, Wurzelfasern, Tierhaaren und Federn zusammengefügt wird. Werden der Braunelle in dieser Zeit Nisthilfen in Form von Nisttaschen angeboten, nimmt sie diese gerne an. Hier legt das Weichen die vier bis fünf Eier ab, die es allein bebrütet. Das Männchen wacht währenddessen in Nestnähe und versorgt das Weibchen. Nach 12 bis 14 Tagen Brutzeit schlüpfen die winzigen Jungen. Anfangs noch vom Weibchen gewärmt, füttern bald beide Altvögel die Kleinen. Nach Ablauf von zwei Wochen verlassen die Jungvögel das Nest und vagabundieren weitere zwei bis drei Wochen mit den Altvögeln umher, die dann erneut mit dem Bau eines Nestes für die zweite Brut beginnen. Eltern und Jungvögel der zweiten Brut streifen bis zum Winterbeginn im Familienverband umher.

Am Futterhaus: Beliebt sind feine Sämereien, Weichfutter und Fettfuttergemische, die sie vor allem in der kalten Jahreszeit zu sich nimmt. Sonst gehört der scheue Vogel zu den Insektenjägern, der von der winzigen Blattlaus bis zum Drahtwurm alles verzehrt, was der schmale Schnabel aufstöbert.

 Weichfutter, Fettfutter

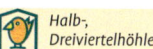 Halb-, Dreiviertelhöhle

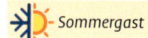 Sommergast

Bachstelze

Info: Bereits im März kehrt die Bachstelze als Zugvogel aus den südlichen Überwinterungsgebieten zurück. In Norddeutschland treffend „Wippsteert" genannt – der Schwanz der Bachstelze wippt ständig auf und ab – gilt der schwarz-weiße Vogel als Frühlingsbote. Die Bachstelze lebt gern in der Nähe menschlicher Siedlungen, wenn dort fließende oder stehende Gewässer vorhanden sind.

Diese Vorliebe drückt sich auch in der Wahl des Nistplatzes aus, häufig baut der Vogel sein Nest in Holzstapeln, in Nischen oder Mauerlöchern am Haus, in Spalten von Schuppen, unter Dachvorsprüngen und in von Menschen angebotenen Halbhöhlen. Ab August sammeln sich die Bachstelzen in größeren Gruppen und ziehen im Oktober endgültig weg. Bis dahin haben sie sich ein kleines Fettdepot für die weite Reise nach Afrika zugelegt.

Familienleben: Gerne werden Halb- oder Dreiviertelhöhlen angenommen. Das Weibchen legt in die mit Federn und Wolle ausgepolsterte Mulde des Napfnestes vier bis sechs Eier und brütet allein. Nach gut zwei Wochen schlüpfen die Jungvögel und werden noch vom Weibchen gewärmt; der Vater übernimmt die Versorgung. Die Nahrung bilden verschiedene Insekten, die am Boden und häufig an Gewässern erbeutet werden. Später füttern beide Eltern. Nach weiteren zwei Wochen werden die Jungvögel flügge und streifen mit den Altvögeln weit umher, bis sie endgültig selbstständig sind. Danach sind die Altvögel wieder mit dem Nestbau für die zweite Brut beschäftigt, die Anfang bis Mitte Juli großgezogen wird.

Am Futterhaus: Die Bachstelze ist ein typischer Insektenfresser, besucht aber auch Futterstellen am Boden, wenn Weichfutter oder Fettfutter angeboten wird.

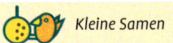 Kleine Samen

 Nest in Bäumen

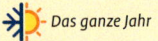 Das ganze Jahr

Buchfink

Info: Der Buchfink ist ein häufiger Brutvogel und neben dem Grünfink sicher unser bekanntester Finkenvogel. Er bewohnt Laub- und Nadelwälder, Feldgehölze, Parkanlagen und Gärten. Die farbenprächtigen Männchen (Foto) zeigen einen blaugrauen Kopf, eine rötliche Unterseite und einen grünen Bürzel. Das Weibchen ist grünlich grau befiedert, mit pastellfarbenen Flügelbinden. Im Herbst ziehen vor allem die weiblichen Vögel in den Süden, daher sieht man im Winter fast nur Männchen am Futterhaus. Erst im Frühjahr sind dann beide Geschlechter wieder am Futterplatz im Garten zu sehen. Hier lässt das Männchen bald seinen typischen „Finkenroller" hören.

Familienleben: Nach der Paarung beginnt das Weibchen mit dem Bau eines äußerst kunstvollen napfförmigen Nestes in einer Astgabel oder direkt an einem Zweigauswuchs am Baumstamm; Nistkästen werden nicht besiedelt. Es verwendet dazu Flechten, Moose, Halme, feine Pflanzenwurzeln und zarte Gespinste für die Außenwand. Die Nestmulde wird mit Tierhaaren oder feinen Federn ausgepolstert. Nach und nach legt das Weibchen bis zu sieben Eier und brütet allein. Nach etwa zwei Wochen Brutzeit schlüpfen die Jungvögel, die von den Eltern anfänglich ausschließlich mit Insektennahrung großgezogen werden. In der zweiten Woche kommen halbreife Sämereien von Wildkräutern dazu. Nach dem Flüggewerden der Jungen bleibt der Familienverband noch ungefähr drei Wochen zusammen. Dann sind die Jungvögel selbstständig und die Altvögel rüsten für die zweite Brut, die im Hochsommer flügge wird.

Am Futterhaus: Buchfinken suchen ihre Nahrung vor allem am Boden. Sie mögen kleinere Samen, Haferflocken und heruntergefallenes Fettfutter.

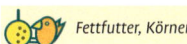 Fettfutter, Körner   –   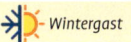 Wintergast

Bergfink

Info: Der aus dem hohen Norden durchziehende Bergfink ist nur in den Wintermonaten am Futterplatz im Garten zu sehen. Das Männchen (Foto) hat im Winter einen schwarz-beige gemusterten Kopf und eine orange Brust; der Kopf des Weibchens ist deutlich heller. Bergfinken kommen in Gruppen an die Futterstellen im Garten und sind daher sehr auffällig und leicht zu erkennen.

Familienleben: Der Bergfink brütet nicht bei uns, er zieht lieber weiter gen Norden und brütet dort in den Wäldern Skandinaviens und Nordosteuropas. Im April oder Mai kommen Bergfinken dort an. Das Nest wird in einer Astgabel oder auf einem Ast in Büschen oder Bäumen gebaut. Ab Mai oder Juni legt das Weibchen mit je einem Tag Abstand bis zu sieben Eier und bebrütet diese allein. Beide Eltern füttern dann die Jungvögel mit Insekten. Es findet in der Regel nur eine Brut statt, der Sommer im hohen Norden ist kurz.

Am Futterhaus: Der Bergfink ist häufig in Gesellschaft anderer Finken am Futterhaus zu beobachten, vor allem aber in Begleitung von Artgenossen. Er hält sich wie der Buchfink auch gerne am Boden auf. Hier machen sich die Vögel über Sonnenblumen- und Getreidekörner sowie Fettfutter her, gerne werden auch Bucheckern angenommen. Bis Ende März sind die Vögel im Garten zu sehen.

Schneefink

Nur nahe der Alpen kann der Schneefink am Futterhaus entdeckt werden. Er hat einen grauen Kopf mit kleinem schwarzem Kehllatz, einen gelben Schnabel und einen deutlichen weißen Streifen auf den Flügeln.

 Fetthaltige Samen, Beeren

 Nest in Bäumen

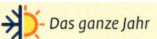 Das ganze Jahr

Grünfink

Info: Der Grünfink oder Grünling ist ein häufiger Gast im Garten und besucht sehr gerne Futterstellen. Hier ist der kräftige Finkenvogel mit seinem kegelförmigen Schnabel allerdings sehr dominant und vertreibt andere Vogelarten sowie die eigenen Artgenossen, sodass sich bei Grünlingsbesuch besonders mehrere Futterstellen im Garten bewähren, denn Grünfinken bleiben ganz bequem so lange an der Quelle sitzen, bis sie satt sind. Die meisten Grünfinken bleiben auch im Winter bei uns, nur einige ziehen im Winter in wärmere Gebiete.

Familienleben: Das Männchen lässt bereits im März seinen Gesang ertönen, um ein Weibchen anzulocken. Im April wird vom Weibchen das Nest gebaut, und zwar in Büschen oder Bäume, vorzugsweise in Nadelbäumen. Nistkästen werden nicht besiedelt. Im Nest legt das Weibchen bis zu sechs Eier ab, die 12 bis 14 Tage bebrütet werden, bis die Küken ausschlüpfen. Beide Altvögel füttern die Jungen mit Insekten, Spinnen und haarlosen Raupen. Nach dem Ausfliegen zwei Wochen später werden die Jungvögel noch etwa drei Wochen von den Eltern betreut, gefüttert und geführt. Dann wird meist noch einmal, selten sogar noch zweimal gebrütet.

Am Futterhaus: Liebend gern spalten Grünfinken Sonnenblumenkerne und Hanfkörner, nehmen aber auch kleine Nussbruchstücke, Bucheckern sowie getrocknete oder gefrostete Beeren und Früchte auf. Wenn Sie Hagebutten konserviert haben, sind diese eine willkommene Zusatznahrung für die Finkenvögel. Selbst an Meisenknödeln und anderen Fettfuttergemischen machen sie sich zu schaffen.

 Fetthaltige Samen, Beeren

 Nest in Bäumen

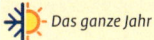 Das ganze Jahr

Gimpel

Info: Der Gimpel, auch Dompfaff genannt, lebt in Parkanlagen, an Waldrändern und kann durchaus im Garten vorkommen. Das Männchen (Foto) ist durch das kräftige Rosarot der Brust zu erkennen, beim Weibchen ist diese Partie eher braunrosa gefärbt. Trotz der kräftigen Farbe entdeckt man die ruhigen Vögel oft erst, nachdem man ihr „trauriges" Flöten („Düü") gehört hat. Der Gimpel ernährt sich im zeitigen Frühjahr von Strauch- und Baumknospen, die er mit seinem kräftigen Schnabel geschickt schält. Gimpel verzehren aber ebenso gern frühreife Beeren und Früchte sowie tierisches Eiweiß in Form von Insekten. Die Paare der kräftig wirkenden Finkenvögel finden sich vermutlich bereits im Herbst oder Winter zusammen, deshalb sind Dompfaffpärchen auch wesentlich häufiger zu sehen als Einzelvögel.

Familienleben: In nur wenigen Tagen stellt das Weibchen das große napfförmige Nest fertig, das in dichte Büsche oder in Nadelbäume gebaut wird. Nistkästen werden nicht besiedelt. Das Weibchen legt vier bis sechs Eier, die es allein zwei Wochen bebrütet. Die Jungvögel werden von den Eltern mit hervorgewürgtem Futter aus halbreifen Wildkrautsämereien und Insekten gefüttert und verlassen als flügge Jungvögel nach fast 16 Tagen das Nest. Noch etwa zwei Wochen weiter gefüttert, ist der Nachwuchs dann selbständig und zieht, immer auf der Nahrungssuche, weit in der Region umher.

Am Futterhaus: Gimpel bieten am Futterhaus durch ihre Größe und Färbung ein beeindruckendes Bild. Sie mögen die fetthaltigen Sonnenblumenkerne und Hanfkörner, verzehren aber ebenso gern Nussbruchstücke, Bucheckern sowie getrocknete und gefrostete Beeren und Früchte. Gimpel naschen auch Fettfutter, dem getrocknete Beeren, Früchte sowie Nussbruchstücke beigemischt wurden.

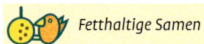 Fetthaltige Samen

 Nest in Bäumen

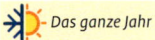 Das ganze Jahr

Kernbeißer

Info: Der Kernbeißer ist unser größter Fink und mit seiner hübschen Färbung und seinem mächtigen, hellgrauen Schnabel unverwechselbar. Mit diesem kräftigen Werkzeug können Kernbeißer sogar Kerne von Kirschen, Pflaumen und Zwetschgen knacken, um an den nahrhaften Kern zu gelangen. Wie beim Gimpel frisst der Kernbeißer im Winter und im zeitigen Frühjahr gern Knospen und junge Pflanzentriebe. Das Männchen (Foto) ist etwas intensiver gefärbt als das Weibchen. Kernbeißer sind bei uns zwar verbreitet, aber nicht sehr häufig, weshalb es immer eine Freude ist, welche im Garten zu haben. Sie halten sich jedoch oft in Baumkronen auf und sind nicht immer leicht zu entdecken. Einige Kernbeißer ziehen zum Überwintern in wärmere Gebiete.

Familienleben: Das Nest wird meist hoch oben in Bäumen gebaut, Nistkästen werden nicht besiedelt – wenn Sie einen Garten mit altem Baumbestand haben, könnten Sie aber Glück haben und Kernbeißer bei sich ansiedeln. Ende April beginnt das Weibchen mit der Ablage von bis zu sechs Eiern, es brütet dann allein, aber beide Eltern versorgen die nach zwei Wochen schlüpfenden Jungvögel mit Insekten und Spinnentieren. Meistens brüten Kernbeißer nur einmal im Jahr.

Am Futterhaus: Kernbeißer besuchen Futterstellen regelmäßig, sie suchen im Winter auch gern am Boden nach Nahrung. Dabei bevorzugen sie Sonneblumenkerne und Hanfsamen, also fetthaltige Kerne. Wenn Sie Hainbuchen im Garten haben, werden sich sicher Kernbeißer einfinden, denn die Vögel fressen die sehr harten Samen der Hainbuchen gerne.

 Kleine Samen, Beeren

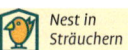 Nest in Sträuchern

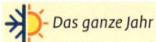 Das ganze Jahr

Stieglitz

Info: Der Stieglitz, auch Distelfink genannt, gehört zweifellos zu den farbenprächtigsten Finkenvögeln. Beide Geschlechter zeigen eine rote „Gesichtsmaske" und eine auffällige gelbe Flügelbinde. In der Hauptsache ernährt sich der Distelfink von Wildkrautsämereien, füttert seine Brut aber vorzugsweise mit Insekten. Stieglitze sind gesellig und außerhalb der Brutzeit häufig in Trupps unterwegs, auf die man durch ihre typischen Rufe aufmerksam wird. Einige Stieglitze ziehen im Winter fort, viele bleiben da.

Familienleben: Anfang Mai baut das Weibchen in Bäumen oder Sträuchern ein kleines, kunstvolles napfförmiges Nest aus Halmen, Wurzelfasern, Moosen, Flechten und Gespinsten, in dem vier bis sechs Eier gelegt werden. Nach einer Brutdauer von etwa 14 Tagen schlüpfen die Jungen, die dann zwei Wochen lang von den Eltern mit Nahrung aus dem Kropf gefüttert werden,

bevor sie mit unscheinbarem Jugendgefieder, jedoch schon mit deutlich gelber Flügelbinde, flügge sind. Betreut, gefüttert und geführt, ziehen die Kleinen dann mit ihren Eltern im Familienverband auf der Suche nach Nahrung weit umher. Die Vögel sind dann am Löwenzahn und an Disteln gut zu beobachten, wo sie geschickt die Knospen öffnen, um die Samen zu verzehren.

Am Futterhaus: Wer im Winter Waldvogelfutter mit Wildkrautsämereien und kleinen Beeren anbietet, kann sicher sein, dass Stieglitze an der Futterstelle erscheinen. Daneben nehmen die bunten Vögel sehr gern ölhaltige Saaten wie Sonnenblumenkerne, Hanf, Hirse, Raps und Leinsamen auf. Auch an Meisenknödeln sind Distelfinken zu beobachten, wo sie geschickt die Sämereien herauslösen.

 Kleine Samen

 Nest in Sträuchern

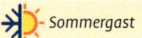 Sommergast

Girlitz

Info: Der Girlitz ist unser kleinster einheimischer Finkenvogel. Man hört ihn eher, als dass man ihn sieht: Wenn es aus der Baumkrone dauerhaft quietscht wie eine sehr rostige Fahrradkette oder aneinander geriebene Glasscherben, dann handelt es sich um einen Girlitz. Das Männchen (Foto) hat mehr Gelb im Gefieder als das grauere, ebenso gestrichelte Weibchen. Ähnlich ist der Erlenzeisig, der aber größer ist und einen längeren, spitzeren Schnabel hat. Girlitze brüten bei uns, ziehen aber in Winter in wärmere Gebiete Europas. Sie sind übrigens nahe verwandt mit den Kanarengirlitzen, von denen unsere Kanarienvögel abstammen.

Familienleben: Das Nest, ein Napfnest, wird in Büschen, Baumkronen oder begrünte Wände gebaut. Nistkästen werden nicht besiedelt. Im April legt das Weibchen bis zu fünf Eier, wie bei den meisten Gartenvögeln brütet es allein und wird dabei vom Männchen versorgt. Nach zwei Wochen schlüpfen die Jungen, die von beiden Eltern mit aus dem Kropf hervorgewürgter Nahrung, die aus kleinen Insekten, Sämereien und Knospen besteht, versorgt werden. Nach dem Flüggewerden betreuen die Eltern die Kleinen noch einige Zeit. Meist brüten sie anschließend noch einmal.

Am Futterhaus: Girlitze mögen feine Sämereien, Wildkrautsamen und Waldvogelfutter, aber auch Futter für Kanarienvögel ist ihnen willkommen. Sie suchen ihre Nahrung gern am Boden.

 Kleine Samen, Beeren

 Nest in Bäumen

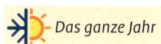 Das ganze Jahr

Erlenzeisig

Info: Während der kalten Jahreszeit sind die nordischen Erlenzeisige oft in großen Trupps zu sehen und finden sich in Erlenbruchwäldern ein. Dort bearbeiten sie Erlenzapfen, um an die winzigen Samen zu kommen. Sie turnen geschickt im Gezweig, hängen zeitweilig kopfunter an den Baumfrüchten und lassen ständig ihre typischen Laute ertönen, die für die Schwarmbildung nötig sind. Erst im Frühjahr kehren die umherziehenden Vögel in den Norden zurück. Das Männchen (Foto) hat eine schwarze, schmale Haube, das Weibchen unterscheidet sich vom ähnlichen Girlitz durch viel Gelb im Schwanz. Im Vergleich zum Girlitz haben Zeisige einen deutlich schmaleren und längeren Schnabel.

Familienleben: In besonders waldreichen Gegenden in den Mittelgebirgen ist der kleine Erlenzeisig, auch einfach Zeisig genannt, auch im Frühjahr und Sommer zu beobachten und brütet in Fichtenbeständen hoch oben in den Bäumen. Nistkästen werden nicht angenommen. Das Weibchen brütet die bis zu sechs Eier allein aus, dann füttern beide Partner die Jungen etwa zwei Wochen lang im Nest mit Kropfnahrung. Danach werden sie noch geführt und umsorgt.

Am Futterhaus: Der Erlenzeisig gehört zu den häufigsten Wintergästen am Futterhäuschen, oft vergesellschaftet mit dem Birkenzeisig, wo er am liebsten Fettfuttergemische oder feine ölhaltige Sämereien wie Hanfsamen frisst. Auch Wildkrautsämereien nimmt der Erlenzeisig gerne an. Im Sommer werden Sie Erlenzeisige selten an Futterstellen sehen, da jagen die Vögel kleine Insekten und leben von Wildkraut- und Nadelbaumsamen.

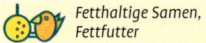 Fetthaltige Samen, Fettfutter

 Nest in Bäumen

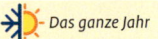 Das ganze Jahr

Birkenzeisig

Info: Die kleinen Birkenzeisige sind eigentlich nordische Vögel, die im nördlichen Europa, beispielsweise in Skandinavien brüten. Immer mehr brüten aber auch bei uns. Im Winter kommen viele der im Norden brütenden Vögel als Gäste bei uns vorbei und sind dann häufig am Futterhaus zu sehen. In manchen Jahren kommen besonders viele, je nachdem, welche Klima- und Nahrungsverhältnisse in den Brutgebieten vorliegen. Die kleinen Vögel sind gut zu erkennen: Beide Geschlechter haben eine rote Stirn, eine kleine schwarze Gesichtsmaske und einen gelblichen Schnabel, dazu einen weißen Bauch. Das Männchen (Foto) hat zur Brutzeit eine rosa getönte Brust.

Familienleben: Bei uns brütet der Birkenzeisig nicht nur in Wäldern, sondern gebietsweise sogar in Gärten mit altem Baumbestand. In diese alten Bäume wird das Nest gebaut, meist weit oben. Nistkästen werden nicht angenommen. Das Weibchen legt ab Mai vier bis sechs Eier und brütet diese in zwei Wochen aus. Dann füttern beide Eltern die Jungen zwei Wochen lang im Nest mit hervorgewürgter Nahrung aus dem Kropf, die aus Sämereien und kleinen Insekten besteht. Wenn die Jungen Birkenzeisige das Nest verlassen haben, werden sie noch eine Weile von den Eltern geführt und mit Nahrung versorgt. Danach brüten die Eltern gelegentlich noch ein zweites Mal.

Am Futterhaus: Birkenzeisige kommen vor allem im Winter an die Futterstellen im Garten, oft gemeinsam mit Erlenzeisigen. Sie mögen Sonnenblumenkerne, Hanfsaat, Wildkrautsamen und auch Meisenknödel, auf denen sie geschickt umherturnen.

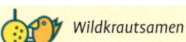 Wildkrautsamen    Nest in Büschen   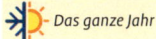 Das ganze Jahr

Bluthänfling

Info: Dem Birkenzeisig ähnlich ist der Bluthänfling, auch einfach nur Hänfling genannt, mit rosa Stirn und Brust beim Männchen. Er hat jedoch einen rotbräunlichen Rücken, keinen weißen, sondern einen bräunlichen Bauch und keine schwarze Gesichtsmaske. Die Weibchen tragen kein Rot. Bluthänflinge leben und brüten bei uns vor allem im Tiefland, in Gärten, Feldhecken und Gebüschen in der offenen Kulturlandschaft, in Parks oder am Waldrand. Sie ernähren sich vor allem von den Samen krautiger Ackerpflanzen wie Ampfer, Disteln, Mädesüß oder Löwenzahn – darum ist es für diesen Vogel wichtig, dass es Ackerrandstreifen mit „wildem" Pflanzenwuchs gibt. Im Winter sieht man Bluthänflinge oft in Schwärmen auf abgeernteten Feldern oder anderen offenen Flächen.

Familienleben: Bluthänflinge beginnen im April oder Mai mit dem Nestbau in Büschen oder Hecken, normalerweise an Feldern, manchmal aber auch in Gärten. Dabei brüten gerne mehrere Paare in unmittelbarer Nachbarschaft. Nistkästen werden nicht besiedelt. Das Weibchen legt bis zu sechs Eier und brütet allein, das Männchen schafft Nahrung herbei. Die Jungen bleiben zwei Wochen im Nest und werden von beiden Eltern mit hervorgewürgter Nahrung aus Wildkrautsamen und Insekten gefüttert.

Am Futterhaus: Bluthänflinge können sie im Winter mit Hanf- oder Hirsesamen am Boden glücklich machen. Auch gesammelte Wildkrautsamen werden gerne angenommen. Sie kommen oft in Gruppen und sind sehr verträglich untereinander.

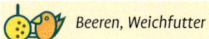 Beeren, Weichfutter 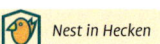 Nest in Hecken 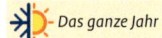 Das ganze Jahr

Amsel

Info: Die Amsel ist das ganze Jahr über im Garten und in Parks heimisch. Das schwarze Männchen (Foto) unterscheidet sich deutlich vom einheitlich dunkelbraunen Weibchen (Foto Seite 11). Typisch ist das Tippeln der Amseln auf dem Rasen, womit sie Regenwürmer ans Tageslicht lockt, die sie dann aus dem Boden zieht. Vor dem Verfüttern an die Jungvögel werden die Würmer sogar gesäubert. Außerdem sind die Amseln eifrige Insektenvertilger, mögen aber auch Beeren und Früchte. Amseln sorgen dafür, dass viele Wurzelschädlinge wie Engerlinge und Drahtwürmer aus dem Garten verschwinden.
Familienleben: Bereits im März finden Männchen und Weibchen zusammen, dabei werden rivalisierende Männchen mit lautem Gezeter verjagt. Das Nest wird in Hecken oder Rankpflanzen (gerne in von Efeu begrünten Fassaden) gebaut, Nistkästen werden nicht besiedelt. Die Jungen schlüpfen nach zwei Wochen Brutzeit. Bei günstigen Bedingungen brütet das Paar dreimal hintereinander. Dabei hält das Amselpaar fest zusammen und verteidigt mit weithin hörbaren Warnrufen das Nest.
Am Futterhaus: Amseln sind am Futterhaus sehr dominant und aggressiv gegenüber anderen Vögeln. Sie verzehren mit Vorliebe gefrostete und getrocknete Beeren und Früchte, wie beispielsweise Ebereschenbeeren und Holunderbeeren, mögen aber auch gern Äpfel, Rosinen, Fettfuttergemische und Vogelfutter für Weichfresser. Ein besonderer Tipp: Getrocknete, ungeschwefelte und zerkleinerte Apfelscheiben fressen die Vögel besonders gern.

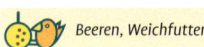 Beeren, Weichfutter

 Nest in Büschen

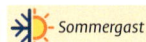 Sommergast

Singdrossel

Info: Die Singdrossel zieht in strengen Wintern in südliche Länder. Doch schon im Februar oder März lässt das Männchen im Garten oder am Waldrand seinen lauten, melodischen Gesang ertönen, den man gut an den wechselnden, sich aber meist zweimal wiederholenden Strophen erkennen kann. Singdrosseln halten sich wie Amseln gern zur Nahrungssuche am Boden auf, wo sie Würmer suchen. Sie vertilgen darüber hinaus auch Gehäuseschnecken. Um an den weichen Inhalt zu gelangen, zertrümmern sie in sogenannten „Drosselschmieden", häufig an einem Stein, das Gehäuse der Schnecke,.

Familienleben: Das Weibchen baut ein großes Napfnest in Bäumen oder Büschen, dessen Nestmulde mit Speichel, Holzmulm und Lehm (ähnlich einer halbierten Kokosnussschale) geglättet wird. Hier legt das Weibchen bis zu sechs Eier ab, die es in zwei Wochen ausbrütet. Die Jungen werden von den Altvögeln mit Regenwürmern, Schnecken, Engerlingen, Drahtwürmern und Raupen gefüttert. Nach einer Verweildauer von etwa 14 Tagen sind die Jungvögel flügge und verlassen die Niststätte, während das Weibchen bereits am neuen Nest für die zweite Brut baut.

Am Futterhaus: Genau wie die Amsel frisst die Singdrossel an der Futterstelle im Garten gern getrocknete oder gefrostete Beeren und Früchteteile. Rosinen, Hagebutten, Ebereschen- und Holunderbeeren und getrocknete, ungeschwefelte Apfelstückchen sind beliebt. Darüber hinaus mag sie auch Fettfuttergemische mit Körnern und Früchten, Nussstückchen sowie Weichfresserfutter. Eine besonderer Leckerbissen und sehr nahrhaft, vor allem als Winter-Ergänzungsfutter, sind Mehlwürmer.

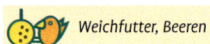 Weichfutter, Beeren    Vollhöhle   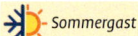 Sommergast

Star

Info: Wenn die Stare im März im Garten erscheinen, steht der Frühling vor der Tür. Dann inspizieren die Vögel alle erdenklichen Spalten, Löcher und Höhlen an Häusern und Bäumen auf der Suche nach Nistplätzen. Ist ein solcher gefunden, wird eifrig Nistmaterial eingetragen. Oft besetzen die schwatzhaften Sänger auch Nistkästen. Typische Starennistkästen sind die auf einer langen Stange oberhalb von Obstbaumkronen angebrachten Holzhäuschen.

Familienleben: Mitte April ist das Gelege vollständig, das in der Regel aus vier bis sechs Eiern besteht. Vierzehn Tage werden die Eier bebrütet, bis die Jungvögel schlüpfen. Oft können Sie während dieser Zeit das Starenmännchen sehen, das vor der Nisthöhle seinen Gesang hören lässt. Täuschend echt kann er die Stimmen anderer Vogelarten oder andere Geräusche imitieren, etwa den miauenden Ruf des Mäusebussards,

den Flötenpfiff des Pirols oder den Klingelton Ihres Mobiltelefons. Bei guten Voraussetzungen brütet ein Starenpaar zweimal im Jahr und zieht dabei etwa zehn Jungvögel groß.

Am Futterhaus: Stare besuchen gerne Futterhäuschen oder Futterstellen am Boden. Sie sind in erster Linie Weichfresser und nehmen gern feine Wildkrautsämereien, Getreidekörner, Haferflocken und Beeren zu sich, außerdem Fettfutter und Talg. Mit Beerensträuchern oder einem Kirschbaum können Sie die glänzenden Vögel ebenfalls in Ihren Garten locken.

Flugkünstler

Schon im frühen Herbst sammeln sich Stare in großen Scharen. Wolkengleich können sie die kühnsten Flugmanöver in der Luft vollführen, ohne einander zu berühren. Ein fantastischer Anblick!

 *Allesfresser*   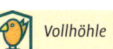 *Vollhöhle*   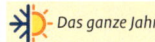 *Das ganze Jahr*

Dohle

Info: Wer am Haus und im Garten größere Brut-
höhlen oder Kunsthorste in Fichten oder Tannen
angebracht hat, kann in den von Dohlen be-
wohnten Gebieten, vor allem im Tiefland, darauf
hoffen, dass ein Dohlenpaar die Nisthilfe belegt.
Dohlen nisten auch häufig in alten Gebäuden
und Türmen. Ein Dohlenpaar in einer Nisthöhle
am Haus oder im Garten ist eine echte Bereiche-
rung. Es macht einfach Freude, den klugen Vögeln bei der Brutpflege zuzusehen. Dohlenpaare
sind sich ein Leben lang treu.
Familienleben: Ab April sind die Vögel damit
beschäftigt, die ausgewählte Bruthöhle mit
verschiedenen Nistmaterialien auszulegen. Auf
einen Unterbau aus grobem Reisig kommen
weichere Pflanzenteile, Tierhaare, Wolle und
Federn. Hier hinein legt das Weibchen bis zu
sechs Eier. Es brütet knapp drei Wochen, dann
schlüpfen die Vogelkinder. Unermüdlich bringen

die Eltern Insekten, Würmer, Frösche, Kröten
und Mäuse in die Bruthöhle. Nach einem Monat
verlassen die Jungdohlen das Nest, um sich
nach weiteren vier Wochen endgültig von den
Altvögeln zu trennen. Bei günstigen Bedingungen bereitet sich das Dohlenpaar dann auf eine
zweite Brut vor, deren Jungvögel erst im September flügge werden.
Am Futterhaus: Dohlen sind Allesfresser, Sie
können die Tiere an der Futterstelle mit auf-
geschnittenen Äpfeln, gefrosteten Beeren und
auch mit Körnerfutter anlocken.

Schornstein sichern

Schornsteine in Dohlenbrutgebieten
sollten Sie mit Schutzgittern absichern.
Sinnvoll ist ein direkt am Schornstein
über dem Hausdach angebrachter Nistkasten.

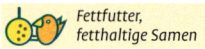 Fettfutter, fetthaltige Samen

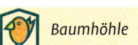 Baumhöhle

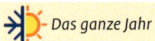 Das ganze Jahr

Buntspecht

Info: Der Buntspecht wohnt meist in Wäldern und Parkanlagen. Wenn Sie im Garten einen alten Baumbestand mit Totholz haben, kann sich mit großer Wahrscheinlichkeit auch bei Ihnen ein Paar ansiedeln. In die morschen Stämme zimmern die Spechte ihre Bruthöhle. Mit ihren kräftigen Beinen und jeweils zwei nach vorn und hinten gerichteten Zehen klettern Buntspechte ausgezeichnet und suchen unter der Baumrinde oder im morschen Holz nach Insekten, Larven und Puppen. Weithin vernehmbar ist das charakteristische Trommeln der Spechte: Dieses Geräusch entsteht, wenn die Vögel mit schnellen Schnabelhieben einen trockenen Ast in Schwingungen versetzen.

Familienleben: Zum Zimmern der Höhle brauchen die Spechte mit ihren Werkzeugen, den harten Schnäbeln, etwa sechs bis zehn Tage. Immer wieder werden neue Stellen ausprobiert und „angezimmert", bis sie sich endgültig für den „Innenausbau" entscheiden. Auf dem Höhlenboden legt das Weibchen etwa Ende April fünf bis sieben rein weiße Eier ab, die knapp zwei Wochen von den beiden Eltern im Wechsel bebrütet werden. Die Jungvögel erhalten als Hauptnahrung tierische Kost aus vielen im morschen oder toten Holz lebenden Insekten. Nach 20 bis 25 Tagen sind die Jungvögel flügge und verlassen mit den Altvögeln die Brutreviere, um dann zusammen weit umherzuziehen.

Am Futterhaus: Buntspechte besuchen das ganze Jahr über Futterstellen. Liebend gern verzehren sie schalenfreie Hasel- und Erdnüsse, Bucheckern und Sonnenblumenkerne, aber auch getrocknete oder gefrostete Beeren und Früchte. Sie machen sich ebenso über Meisenknödel und Fettfuttergemische her, an denen sie oft kopfüber hängen und die sie kräftig behacken.

 Insekten

 Spezial-Vollhöhle

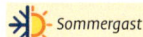 Sommergast

Mauersegler

Info: Der Mauersegler ist ein Sommergast bei uns, seine feinen, kreischenden Laute in den Städten sind ab Anfang Mai zu hören, wenn die Vögel aus Afrika zurückkehren. Eine innere Uhr scheint den schnell und elegant fliegenden Segler zu veranlassen, genau nachvollziehbare An- und Abflugtermine einzuhalten, denn nur drei Monate, bis zum August, ist er bei uns zu sehen. Der Mauersegler lebt fast ausschließlich in der Luft, dort jagt er fliegende Insekten und kann sogar während des Fluges schlafen, indem er sich von warmen, aufsteigenden Luftströmungen treiben lässt.
Familienleben: Vor allem in Städten suchen sich Mauersegler ihrem Nistplatz unter vorspringenden Dachpfannen, Dachgesimsen oder in einer Mauernische. Die Vögel lassen sich hervorragend in speziellen Nistkästen, die es auch aus Holzbeton zu kaufen gibt, ansiedeln, wenn diese an geeigneter Stelle nahe dem Hausdach aufgehängt werden. Das Nest wird nur notdürftig aus Materialien angelegt, das der Segler im Flug erhascht. Zwei bis drei Eier werden von beiden Eltern etwa 20 Tage bebrütet. Die Jungen werden mit vielen Fliegen, Mücken und kleinen Faltern gefüttert, die Mutter und Vater während des Fluges mit aufgesperrtem Schnabel erbeuten. Nach fünf bis acht Wochen, je nachdem, wie hoch das Angebot an fliegenden Insekten ist, verlassen die Jungen voll befiedert das Nest. Schon wenigen Wochen danach brechen die Alt- und Jungvögel nach Afrika auf, um dort zu überwintern.
Am Futterhaus: Dort wird man Mauersegler vergeblich suchen. Ein naturnaher Garten in Stadtnähe mit vielen heimischen Gehölzen und Pflanzen beherbergt immer auch viele Insekten, was wiederum dem Mauersegler zugute kommt.

 Insekten  Spezial-Nisthilfe 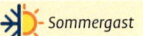 Sommergast

Rauchschwalbe

Info: Die Rauchschwalbe hat gerne ein Dach über dem Kopf: Sie ist für ihre Jungenaufzucht auf Innenräume angewiesen. Früher fand sie ideale Bedingungen in den Viehställen. Sie boten neben Nistplätzen auch reichlich Insekten als Nahrung. Auch heute noch gehört die Rauchschwalbe ins ländliche Bild, wenn sie es auch immer schwerer hat durch moderne Großställe. Rauchschwalben überwintern in Afrika und kommen im April bei uns an.

Familienleben: Gleich nach ihrer Ankunft beginnen sie mit dem Nestbau. Sie können die Tiere mit Nisthilfen unterstützen: Dabei gibt es wahlweise fertige Betonschalen zu kaufen oder aber Sie bringen in Stall oder Scheune unterhalb des Daches Bretter an, die die von den Schwalben gebauten Nester abstützen. Dann muss in der Umgebung auch Lehm als Baumaterial zur Verfügung stehen. Stroh und trockene Grashalme bilden die Baugrundlage; Lehmteile vervollständigen den oben offenen Napf. Das Weibchen legt vier bis sechs Eier und brütet diese meist allein aus. Die Jungen werden mit Fliegen, Mücken und kleinen Faltern gefüttert. Nach etwa drei Wochen sind die Jungvögel voll befiedert. Danach werden sie noch von den Altvögeln betreut, die dann im gleichen Nest bereits Vorbereitungen für die zweite Brut treffen.

Am Futterhaus: Hier gilt dasselbe wie beim Mauersegler (Seite 111).

Wetterboten

Ist es kühl und regnerisch, fliegen Rauchschwalben den Insekten bis dicht über den Boden nach. Bei hohem Luftdruck und Sonnenschein fliegen sie in schwindelnde Höhen, um hier die Insekten zu erbeuten.

 Insekten

 Spezial-Nisthilfe

 Sommergast

Mehlschwalbe

Info: Als Zugvogel kehrt die Mehlschwalbe, die ihren Namen wegen des weißen Bauchs und des im Flug sichtbaren weißen Bürzels bekam, im April aus Afrika zurück. Sie hat ganz ähnliche Vorlieben wie die Rauchschwalbe bei der Jagd auf Insekten in der Luft und in der Wahl ihrer Heimat, bevorzugt als Brutplatz allerdings Außenwände, oft direkt unter vorspringenden Dächern. In tagelanger Arbeit fügt die Mehlschwalbe kleine Lehmbröckchen mit ein paar Pflanzenfasern zu einem kugelförmigen Nest mit seitlichem Einflugloch zusammen. Weil Mehlschwalben gern in Kolonien brüten, können an einem Haus bis zu zwanzig Nester hängen. Wer unter diesen Kolonien einen sauberen Kopf behalten möchte, sollte ein sogenanntes Kotbrett montieren.

Familienleben: Gleich nach der Ankunft aus Afrika beginnen die Vögel mit dem Nestbau. Sie können die Tiere mit fertigen Mehlschwalbennestern aus Holzbeton oder mit offenen „Holzregalen" von ca. 15 cm Höhe zum Brüten an der Außenwand Ihres Schuppens animieren. Das Weibchen legt bis zu sechs Eier, die von beiden Partnern im Wechsel bebrütet werden. Bei günstigen sommerlichen Temperaturen mit vielen fliegenden Insekten verlassen die Jungen bereits nach 20 Tagen das Nest, dann zieht die kleine Schwalbe erfolgreich eine zweite Brut groß. Bei weniger günstigen Bedingungen können Jungvögel allerdings sogar im Nest verhungern. Ende September gehen Jung- und Altvögel mit weiteren Artgenossen der näheren Umgebung auf die etwa 10 000 km lange Flugreise in den Süden Afrikas.

Am Futterhaus: Hier wird man die Mehlschwalbe vergeblich suchen, aber mit einer kleinen Lehmgrube für den Nestbau, die Sie feucht halten, können Sie schon einiges für sie tun.

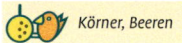 Körner, Beeren

 Nest in Bäumen

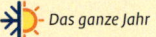 Das ganze Jahr

Türkentaube

Info: Die zierliche Türkentaube ist kleiner als unsere Straßentauben. Sie ist mit ihrer hellbeigen Färbung und dem dunklen Halbring am Hals unverwechselbar. Sie ist ein Kulturfolger und bei uns in Dörfern und Städten anzutreffen. Sie stammt ursprünglich aus Vorderasien. In Deutschland brütet sie erst seit den 1940er Jahren, hat sich sehr schnell ausgebreitet und ist inzwischen häufig. Einige ziehen im Winter in wärmere Gegenden, viele bleiben jedoch bei uns.
Familienleben: Türkentauben bauen ihr Nest auf Sträucher oder Bäume. Wie für Tauben typisch ist es wenig raffiniert, sondern ein einfacher „Zweighaufen". Das Weibchen legt ab März oder April zwei weiße Eier ab und brütet zwischen 12 und 14 Tagen. Die Küken werden von den Eltern mit einem Kropfbrei gefüttert und verlassen nach gut zwei Wochen die Niststätte. Dann brüten die Eltern mindestens noch einmal.

Am Futterhaus: Hier sind Türkentauben, vor allem im Winter, besonders häufig zu beobachten, wo sie sich am Körnerfutter wie beispielsweise Mais und Getreide, kleineren Sämereien sowie getrockneten oder gefrorenen, wieder aufgetauten Beeren und Früchten satt fressen.

Hohltaube

Die Hohltaube ist ein Zugvogel und bezieht gern Baumhöhlen und Nistkästen, um dort das Gelege zu bebrüten und die Jungen aufzuziehen. Sie hat im Gegensatz zur Haustaube kein Weiß an Flügel oder Bürzel, sondern wirkt sehr taubengrau. Einige Hohltauben bleiben in milden Gebieten bei uns, sie kommen gelegentlich im Winter an Futterstellen und fressen dort Samen und Früchte.

 Große Körner, Beeren

 Nest in Bäumen

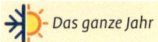 Das ganze Jahr

Ringeltaube

Info: Die Ringeltaube ist unsere größte Taube und wirkt etwas behäbig, besonders, wenn sie mit lautem Flügelklatschen auffliegt. Auffällig ist auch ihr typischer Revierruf, ein gurrendes, oft wiederholtes ruuuh-ruuh gu-gu. Männchen und Weibchen sind gleich gefärbt und kaum zu unterscheiden. Einige Ringeltauben bleiben ganzjährig bei uns, einige ziehen in wärmere Gefilde, wenn es hier kalt wird.

Familienleben: Ringeltaubenpaare finden sich meist für ein Jahr, manchmal sind sie sich aber auch länger treu. Das taubentypisch notdürftig zusammengebastelte Nest wird auf Bäumen oder in großen Büschen gebaut, manchmal auch auf Fensterbretter, jedoch nicht in Nistkästen. Das Weibchen legt dann im April zwei weiße Eier hinein. Vater und Mutter brüten abwechselnd. Nach gut zwei Wochen schlüpfen die Jungtauben, die – eine Besonderheit bei den Tauben – mit einer speziellen „Kropfmilch" und mit hervorgewürgtem Brei aus dem Kropf der Eltern gefüttert werden. Die Kleinen bleiben etwa vier Wochen im Nest. Danach schließen die Altvögel noch mindestens eine weitere Brut an.

Am Futterhaus: Ringeltauben sind häufig am Futterhaus zu sehen, vor allem an bodennahen Futterstellen. Manchmal kommen im Winter größere Gruppen und fressen alles leer. Ringeltauben sind vor allem Vegetarier, sie mögen Körner, auch größere wie Mais, sogar Eicheln und Bucheckern, aber auch getrocknete und aufgetaute Beeren und andere Fruchtstücke. Anders als anderen Tauben suchen sie ihre natürliche Nahrung auch in Bäumen und Büschen und verzehren dort Knospen und Blätter.

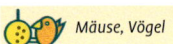 Mäuse, Vögel

 Spezial-Halbhöhle

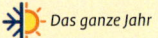 Das ganze Jahr

Turmfalke

Info: Der Turmfalke lebt in Dörfern und Städten, in offenen Landschaften und Feldgehölzen, in Parkanlagen und Gärten. Selbst mitten in Großstädten, auf Fabrikschloten, Kirchtürmen und in Kleingärten mit alten Krähen- und Elsternnestern ist der kleine Mäusejäger zu finden. Während das kleinere Männchen (Foto) am blaugrauen Kopf- und rotbraunen Rückengefieder erkennbar ist, besitzt das etwas größere Weibchen ein rostbraunes Gefieder mit dunklen Flecken. Häufig „rütteln" die Vögel gegen den Wind, halten sich mit schnellen Flügelschlägen auf einer Stelle in der Luft, um dann plötzlich auf das von oben erspähte Beutetier herabzustoßen.
Familienleben: Turmfalken lassen sich mit Holz- oder Holzbetonnistkästen und Kunsthorsten ansiedeln. Schon im März oder April beginnt das Weibchen mit der Eiablage. Das Gelege besteht meist aus vier bis sechs Eiern. Während der etwa

vier Wochen dauernden Brutzeit wird das Weibchen vom Männchen mit Mäusen, kleinen Vögeln und großen Insekten gefüttert. Erst einige Tage nach dem Schlüpfen der Jungvögel fliegt auch das Weibchen mit auf Beutejagd. Dabei wärmt es zwischendurch immer noch die Jungen. Obwohl die Jungvögel nach etwa 30 Tagen den Nistplatz voll flugfähig verlassen, kehren sie immer wieder dorthin zurück, denn nach wie vor legen hier die Eltern für eine geraume Zeit Beutetiere ab, die von den Jungvögeln an Ort und Stelle gefressen werden. Der Familienverband bleibt noch einige Zeit zusammen, erst im späten Herbst trennen sich die Wege der Turmfalkenfamilie endgültig.
Am Futterhaus: An Futterplätzen in weitläufigen Gärten kann es durchaus passieren, dass ein Turmfalke versucht, die hier Nahrung suchenden Singvögel zu erbeuten.

 Mäuse

 Spezial-Vollhöhle

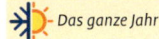 Das ganze Jahr

Schleiereule

Info: Als Kulturfolger zog die hell gefärbte Schleiereule mit dem herzförmigen Gesicht dem Menschen in die Siedlungen nach, bewohnte alte Scheunen auf dem Land oder Dachböden auf Häusern in der Stadt. Weil heute selbst Bauernhöfe keine Dachböden mit im Giebel eingelassenem „Uhlenloch" für die Nachtgreifvögel mehr haben, wurden Schutzprogramme entwickelt. Tausende von Nistkästen zeigten Wirkung: Die Bestandsdichte der Mäusejäger erholte sich. Die Beutetiere der hellen Eulen werden im Suchflug geortet. Sie bestehen zu 90 Prozent aus Mäusen, der Rest sind Kleinvögel, Amphibien und auch große Insekten. Die Beute wird meist in einem Stück, Kopf voran, verschlungen. Später würgen die Eulen die unverdaulichen Teile der Mahlzeit als Gewölle wieder hervor.

Familienleben: Das Weibchen legt im März in Abständen von vier bis fünf Tagen bis zu sechs Eier auf den mit Gewölleresten belegten Boden. Während der etwa einen Monat lang andauernden Brutzeit wird das allein brütende Weibchen vom Männchen mit Nahrung versorgt. Die jungen Eulen bleiben einen guten Monat in der Bruthöhle, werden immer lebhafter und verlassen bald darauf den Nistplatz. Schließlich vagabundiert die Familie in unmittelbarer Nähe des Brutplatzes umher. Mit ständigen Bettellauten animieren die Jungvögel die Alten, Beutetiere abzuliefern. An Brut- und Nistplätzen liegen die Gewölle oft einige Zentimeter hoch. Deshalb sollten Nistkästen für Schleiereulen einmal jährlich im Spätherbst gesäubert werden.

Am Futterhaus: An Futterplätzen in weitläufigen Gärten in ländlicher Umgebung kann durchaus einmal eine Schleiereule als Abendbesucher auftauchen, um die dort am heruntergefallenen Vogelfutter fressenden Mäuse zu jagen.

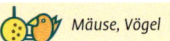 Mäuse, Vögel    Vollhöhle   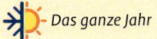 Das ganze Jahr

Waldkauz

Info: Der Waldkauz brütet in natürlichen Baumhöhlen oder alten Greifvogelhorsten vorzugsweise in Laubwäldern, Parkanlagen und Friedhöfen, kleinen und größeren Hausgärten. Er besiedelt auch Nisthöhlen oder Kunsthorste, sofern diese in günstigen Lebensräumen mit entsprechendem Angebot an Beutetieren angeboten werden. Weil in den Wäldern meist alte Bäume mit Höhlen fehlen, werden auch hier oft Waldkauz-Nistkästen angebracht. Meist ist das typische „Huuuh-hu u u u uuuh" der Männchen schon kurz nach dem Weihnachtsfest zu hören. Waldkäuze können aber auch recht unmelodische, schrille Rufe von sich geben.
Familienleben: Im März legt das größere Weibchen ihre bis zu sieben Eier und bebrütet diese allein. Nach etwa einem Monat schlüpfen die Jungkäuze. Während der Vater für die Beute sorgt, füttert das zuerst auf dem Nest bleibende Weibchen die Jungen mit kleinen Fleischstücken. Bald verschlingen die Kleinen die Beute in einem Stück. Die unverdaulichen Teile der Nahrung werden später als Gewölle wieder hervorgewürgt und bedecken den Bruthöhlenboden oder die Nestmulde. Wenn bei den Jungvögeln nach drei Wochen das dunkle Federkleid zu wachsen beginnt, verlässt auch das Weibchen den Brutplatz um auf Beutejagd auszufliegen. Sind die Jungvögel etwa 35 Tage alt, verlassen sie die Bruthöhle oder den Horst, können aber noch nicht fliegen und hocken dann als sogenannte Ästlinge im Gezweig und warten auf die mit Futter anfliegenden Altvögel.
Am Futterhaus: Der Waldkauz kann an Futterstellen auftauchen und dort Singvögel jagen. Gerade die in der Stadt oder in Dörfern lebenden Waldkäuze haben mehr Kleinvögel auf dem Speisezettel als solche, die im Wald leben und Mäuse bevorzugen.

 Mäuse

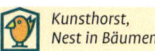 Kunsthorst, Nest in Bäumen

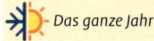 Das ganze Jahr

Waldohreule

Info: Die Waldohreule hat im Gegensatz zum Waldkauz Federohren, die sie aber auch niederlegen kann, die Iris der Augen ist orange. Sie verbringt den Tag meistens ruhend im Geäst von Nadelbäumen. Als Lebensraum bevorzugt sie Feldgehölze, Waldränder, Parkanlagen und große Gärten, die an offene Landschaften angrenzen. Hier ist schon im Februar der Balzruf des Männchens zu hören, der an ein im Ton abfallendes, dumpfes Kullern erinnert. Während des ritualisierten Balzflugs über Schneisen, Lichtungen und an Waldrändern lässt das Männchen klatschende Flügelschläge ertönen, ähnlich wie bei auffliegenden Ringeltauben.

Familienleben: In alten Greifvogelhorsten oder verlassenen Krähen- und Elsternestern, oder aber in vom Menschen angebrachten Kunsthorsten legt das Weibchen im April zwei bis fünf Eier, die etwa 28 Tage bebrütet werden. Das Männchen bringt auch nach dem Schlupf der kleinen Eulen die Nahrung heran, die das Weibchen in kleinen Stücken weiterverfüttert. Mit bellenden Rufen verteidigen die Eltern ihre Kinder gegen jeden Angreifer. Motiviert durch die Warnrufe der Alten werfen sich die Jungvögel auf den Rücken und strecken zur Abwehr die Krallen vor, begleitet von Schnabelklappen, fauchenden und schnalzenden Stimmlauten. Noch flugunfähig, verlassen die Jungeulen nach etwa drei Wochen den Horst und warten als Ästlinge, ständig laut fiepend, auf Futternachschub. Unablässig jagen die Altvögel während der Aufzuchtphase nach Feldmäusen, seltener nach kleinen Vögeln und Insekten. Mäuse werden mit dem Kopf voran von den Jungen sofort verschlungen.

Am Futterhaus: Hier sieht man die Waldohreule eher selten Vögel jagen, da sie vor allem Mäuse zu sich nimmt.

Service

Meine Gartenvogel-Zählung

In die Kästchen wird die Anzahl der beobachteten Vögel der jeweiligen Art eingetragen.
Achten Sie darauf, ob es auch wirklich mehrere Kohlmeisen sind oder nur eine, die immer
wieder vorbeikommt.

Amsel ⬚

**Blau-
meise** ⬚

Buchfink ⬚

**Bunt-
specht** ⬚

**Erlen-
zeisig** ⬚

**Feld-
sperling** ⬚

**Gartenrot-
schwanz** ⬚

Grünfink ⬚

**Hauben-
meise** ⬚

**Hausrot-
schwanz** ⬚

**Haus-
sperling** ⬚

Kleiber ⬚

**Kohl-
meise** ⬚

**Mauer-
segler** ⬚

**Mehl-
schwalbe** ⬚

**Mönchs-
grasmücke** ⬚

**Ringel-
taube** ⬚

**Rotkehl-
chen** ⬚

**Sing-
drossel** ⬚

Star ⬚

**Tannen-
meise** ⬚

**Türken-
taube** ⬚

**Zaun-
könig** ⬚

Weitere Vögel

⬚ ⬚

Datum ⬚

Zum Weiterlesen

Bestimmungsbücher

Beaman, M., S. Madge (2007): Handbuch der Vogelbestimmung: Europa und Westpaläarktis. Verlag Eugen Ulmer, Stuttgart, 869 S.
Sehr umfangreich, mit Zeichnungen

Bezzel, E. (2010): Vogelfedern. BLV Buchverlag, München, 127 S.

Hecker, F. u. K. (2010): Vögel – Naturführer für Kinder. Verlag Eugen Ulmer, Stuttgart. 96 S.
Auf Kinder ausgerichteter Vogelführer mit vielen Basteltipps.

Jonsson, L. (2010): Die Vögel Europas und des Mittelmeerraumes. Kosmos-Verlag, Stuttgart, 559 S.
Umfangreich, mit Zeichnungen

Puchta, A., K. Richarz (2010): Steinbachs Naturführer Vögel. Verlag Eugen Ulmer, Stuttgart, 382 S.
Umfangreich, mit Fotos

Svensson, L., P. J. Grant, K. Mullarney, D. Zetterström (2011): Der neue Kosmos Vogelführer: Alle Arten Europas, Nordafrikas und Vorderasiens. Kosmos-Verlag, Stuttgart, 400 S.
Umfangreich, mit Zeichnungen

Vogelstimmen

Roche, J. C., (2009): Die Vogelstimmen Europas auf 4 CDs: Rufe und Gesänge von 396 Vogelarten. Kosmos-Verlag, Stuttgart.
Audio-CD

Schulze, A. (2009): Vogelstimmen erkennen: Gesänge und Rufe der 75 häufigsten Arten mit farbigem Begleitheft. BLV Buchverlag, München.
Audio-CD

Ratgeber

Berthold, P., G. Mohr (2008): Vögel füttern – aber richtig. Kosmos-Verlag, Stuttgart, 96 S.
Hintergründe und Fakten zur Ganzjahresfütterung

Pott, C. (2011): Jeder kann Vögel erkennen. Verlag Eugen Ulmer, Stuttgart, 128 S.
Ratgeber zur Vogelbeobachtung für Einsteiger, mit Tipps für den Garten

Bezugsquellen

Nisthilfen

Hasselfeldt Artenschutzprodukte
Hauptstraße 86a
24869 Dörpstedt/Bünge
Telefon 04627 184961
info@hasselfeldt-naturschutz.de
www.hasselfeldt-naturschutz.de
Nisthilfen aus Holzbeton und aus Holz

Schwedenstil Garten
Volker Rühne
Flensburger Str. 5
25421 Pinneberg
Telefon 04101 3744016
info@schwedenstil-garten.de
www.schwedenstil-garten.de
Bunte, fröhliche Nisthilfen aus Holz

Schwegler Vogel- und Naturschutzprodukte
Heinkelstr. 35
73614 Schorndorf
Telefon 07181 97745-0
info@schwegler-natur.de
www.schwegler-natur.de
Nisthilfen aus Holzbeton, Kunsthorste

Naturschutzbedarf Strobel
Firma Pröhl
Nitzschkaer Str. 29
04626 Schmölln OT Kummer
Telefon 034491 81877
info@naturschutzbedarf-strobel.de
www.naturschutzbedarf-strobel.de
Nisthilfen aus Holzbeton

Vivara Naturschutzprodukte
Kaiserswerther Str. 115
40880 Ratingen
Telefon 01803 848272
info@vivara.de
www.vivara.de
Nisthilfen aus Holz

Futter, Futterhäuser und -spender

Der Futter-Spatz
Schloßstr. 1
78357 Mühlingen
Telefon 07775 939773
shop@futter-spatz.de
www.futter-spatz.de

Paul's Mühle
Westring 2
45659 Recklinghausen
Telefon 02361 23231
info@pauls-muehle.de
www.petshop-paul.de

Schwegler Vogel- und Naturschutzprodukte
Heinkelstr. 35
73614 Schorndorf
Telefon 07181 97745–0
info@schwegler-natur.de
www.schwegler-natur.de

Vivara Naturschutzprodukte
Kaiserswerther Str. 115
40880 Ratingen
Telefon 01803 848272
info@vivara.de
www.vivara.de

Register

Bildquellen

Haftungsausschluss
Autor und Verlag bemühen sich sehr um aktuelle, richtige und zuver-
lässige Angaben. Fehler können jedoch nicht vollständig ausgeschlos-
sen werden. Eine Garantie für die Richtigkeit der Angaben kann daher
nicht gegeben werden. Haftung für Schäden und Unfälle wird aus keinem Rechtsgrund übernommen.

Bibliografische Information der Deutschen Nationalbibliothek
Die Deutsche Nationalbibliothek verzeichnet diese Publikation in der
Deutschen Nationalbibliografie; detaillierte bibliografische Daten sind
im Internet über http://dnb.d-nb.de abrufbar.

© 2011 Eugen Ulmer KG
Wollgrasweg 41, 70599 Stuttgart (Hohenheim)
E-Mail: info@ulmer.de
Internet: www.ulmer.de
Umschlagentwurf: red.sign, Anette Vogt, Stuttgart
Lektorat: Ina Vetter
Herstellung: Silke Reuter
Reproduktion: timeray visualisierungen, Herrenberg
Druck und Bindung: Firmengruppe APPL, aprinta Druck, Wemding
Printed in Germany

ISBN 978-3-8001-7587-1